U0291528

室内设计基础与实践

[日本]桥口新一郎　[日本]户泽真理子
[日本]所千夏　[日本]岩尾美穗　[日本]九后宏　著
佟　凡　译

江苏凤凰科学技术出版社·南京

江苏省版权局著作权合同登记　图字：10—2021—566

图书在版编目 (CIP) 数据

室内设计基础与实践 / (日) 桥口新一郎等著 ; 佟凡译 . — 南京 : 江苏凤凰科学技术出版社 , 2022.9

ISBN 978-7-5713-3059-0

Ⅰ . ①室… Ⅱ . ①桥… ②佟… Ⅲ . ①室内装饰设计

Ⅳ . ① TU238.2

中国版本图书馆 CIP 数据核字 (2022) 第 127429 号

室内设计基础与实践

著　　　者	[日本]桥口新一郎　　[日本]户泽真理子　　[日本]所千夏
	[日本]岩尾美穗　　[日本]九后宏
译　　　者	佟　凡
项 目 策 划	凤凰空间/李雁超
责 任 编 辑	赵　研　刘屹立
特 约 编 辑	李雁超
出 版 发 行	江苏凤凰科学技术出版社
出版社地址	南京市湖南路1号A楼，邮编：210009
出版社网址	http://www.pspress.cn
总 经 销	天津凤凰空间文化传媒有限公司
总经销网址	http://www.ifengspace.cn
印　　　刷	雅迪云印（天津）科技有限公司
开　　　本	710 mm×1 000 mm　1 / 16
印　　　张	12
字　　　数	180 000
版　　　次	2022年9月第1版
印　　　次	2022年9月第1次印刷
标 准 书 号	ISBN 978-7-5713-3059-0
定　　　价	78.00元

图书如有印装质量问题，可随时向销售部调换（电话：022-87893668）。

前言

送给从现在起想学习室内设计的人

　　建筑或者室内装修是能够不断给人们提供幸福感的工作。那是因为很多人会在踌躇满志时去做修建房屋、开设分店、开设事务所等业务咨询。当然了，像老旧空间改造、狭小可利用空间改善等空间和土地资产的改造，也是建筑师和室内设计师的职能之一。如果自己从事的工作能愉悦他人，让空间变得生机勃勃、熠熠生辉，各位也一定能从这份工作中感到幸福吧。

　　本书面向各大专院校的学生，以及有意学习建筑设计或室内设计的读者。几位作者都是领域内的专家，活跃于设计一线，他们从实际业务出发，添加了大量其他教科书里找不到的、专家掌握的诀窍和知识。第 1 章和第 13 章列举实际案例，进行浅显易懂的概括；第 2 章详细记录了复杂业务流程的入门方法；其他章节的内容同样都是学习室内设计时不可或缺的知识。特别是正文右边的边框中来自"红面包老师"的注解，更是专家毫无保留传授的专业实践技巧，里面藏着能让大家在将来成为优秀设计师的启示。从这个角度来说，也希望现在活跃在设计界的各位能够阅读本书。

　　虽说如此，本书不是全用来学习知识，而是希望大家先能够对建筑设计或室内设计产生兴趣，并且喜欢。这样一来，学习意愿就会不断增加，一定能够实现下一步的飞跃。没有人能够一下子成为专业人士，我在学生时代也曾多次陷入学习的迷茫。后来能够看清前景的时候，我下定决心成为一名专业工作者。通过本书，希望各位在学习之余还能尽快找到未来想成为的目标人物。可以查找那个人初出茅庐时的作品、年轻时写的文章，应该就会发现原本以为遥不可及的人物其实距离自己并不遥远。各位一定不要放弃，要乐在其中地学习，尽快赶上心中的目标人物。

桥口新一郎
2021 年 3 月

正文右侧有很多"红面包老师"的注解，包含大量从专业角度提出的建议和实践知识。
大家也可以首先阅读注解，从感兴趣的地方开始阅读正文！

"红面包老师"桥口新一郎

目　　录

第 1 章

从实际案例来看室内设计的创意和手法

本章根据室内设计的实际案例,宏观介绍了室内设计师在实际工作中的基本构思和手法。只有巧妙组合运用本书讲解的所有要点,才能创造出精彩绝伦的空间。希望大家先对室内设计产生兴趣,再探寻创造空间的途径。(图为大和房屋总部大楼休息大厅 ©Satoshi Asakawa)

第 1 节　什么是室内设计

首先,大家必须明白:设计师的工作并非只是创造自己的作品。室内设计师被要求的事项很多,像满足客户的要求,再加上理念、功能性、用地条件、法规规范、控制成本、安心、安全、美观、人性化等。在做到这些基本要求之后,如果能创造出震撼时代、打动人心的作品,就称得上是出色的设计师。

寻求跨领域设计师

此前的日本业界是垂直分工的社会,建筑设计由建筑师来做,室内设计由室内设计师来做。不过如果将目光面向国外并回溯历史的话,就会发现几乎所有设计师都跨越了专业范围,在多个领域活跃,能够从整体上设计建筑、家具、室内装修等。建筑与室内装修原本就是一个整体,就算是在日本,也在寻求能够跨越专业领域的人才。

理念工作:确定设计理念是设计过程中最重要的一步。如果能确定自己的设计理念,设计就不会出差错,就算做判断时有犹豫,只要想想自己的理念,就能做出正确的判断。不妨翻阅设计项目的地域性文化与历史的相关内容,一定能找到理念的切入点!

航空公司休息大厅 ©Shinichiro Hashiguchi

下面将根据笔者经手的案例,概述专业设计师在室内设计中的思考要点。

第 2 节　规划的方法

规划概要(餐厅,大阪府伊丹市,98.20 m²)

这是某航空公司在搬迁办公室时计划修建的职工专用休息大厅,中午是职工餐厅,从傍晚开始可作为休息室用来举办联谊会等活动。希望这里能够成为向机长、乘务员、地勤人员、机械师、业务员和高管等各个岗位的员工提供不同时间、不同的人数、不同用途的场所。因此,为了满足多种多样的需求给出了富于变化的平面设计。这里规划为既可以举行严肃的董事会,又可以举行冷餐会,每天都可以举办各种活动的场所。机场的工作人员要为乘客的生命负责,这里可以缓解他们日常积攒的疲劳。

独创设计的墙面装饰
©Shinichiro Hashiguchi
以植物为主题的有机设计,能让来访的人们心情平静。

适合举行会议的大桌子
©Shinichiro Hashiguchi
为了避免使用者有直接的视线接触,用有空隙的墙壁做了柔和的遮挡,在座位设置上也花了心思。

规划重点

• 座席规划可以满足多种要求,设有吧台座位、长椅座位

Lala clesso 餐厅 ©Satoshi Asakawa

和沙发座位等。

· 只需要稍稍移动椅子,就能立刻变成冷餐会的场地。大桌子可以作为自助餐桌。

· 配色以企业色彩为基调,以展示公司形象。【→第6章】

第3节 选择材料的方法

规划概要(咖啡厅,大阪市北区,152.10 ㎡)

将大楼里的配电室改装成店铺的规划设计。层高 2.2 m,作为大型餐饮店显得太低,反过来利用这个缺点,使用材料进行视觉操纵,形成了虚拟的空间扩张。在各处使用镜面材料反射空间和灯光,得到不固定的大空间,照明效果会随着季节和时间的变化而时刻改变,让这里成为客人放松身心的场所。

规划重点

· 为克服不利条件使用了镜面加工的不锈钢板,利用了光线反射。

· 发光的天花板控制店里的亮度,照亮入口附近,营造出

©Satoshi Asakawa
店铺入口设计了大面积的发光天花板,光线明亮,往里走光线逐渐变暗营造出柔和的氛围。

Nanyakan 居酒屋 ©Shinchiro Hashiguchi

可以让人轻松进入的氛围。

　　· 该空间使用了反射率不同的地板材料来控制氛围。入口附近地板反射率较高,座席光线明亮,越往里走灯光越柔和。

　　· 吊顶(用以隐藏设备和结构,比其他地方低的天花板部分)配备 LED 灯,可以变换各种颜色。根据季节和活动改变照明方式。【→第 4 章】

有效利用照明 ©Shinchiro Hashiguchi
　　照亮外墙和招牌的聚光灯照明。店铺内的照明洒向室外,成为外墙上的点缀。

第 4 节　调研的方法

规划概要(创意居酒屋,大阪府堺市,75.90 m²)

　　用极低成本实现的店铺改造计划。全面调研了计划用地周围半径 1 km 以内的餐饮店后得出的结论是:与市中心设计简洁的餐饮店相比,周围店铺的设计能打到 70~75 分。虽然想设计出满分的店铺,但那样会提高成本,所以以 80 分为目标,力求与其他店铺设计的差异化。

　　施工方面,如果不同工种的工匠增加,费用就会增加。因此尽可能使用相同的加工方法来削减成本,比如外墙和内墙都采用涂装工艺。另外,照明使用的是聚光灯照明,分别照亮

影子的装饰 ©Shinchiro Hashiguchi
　　考虑利用室外的植物和室内的格子投下的阴影作为装饰,不需要成本也可以营造出氛围。

Happiness 发型设计 ©Stirling Elmendorf

外墙、招牌、植物、正面外观，呈现出多个场景，还能利用植物的影子作为装饰，是一种高效的规划，并尽可能对桌子等现有家具进行重复利用。由于不断地与其他店进行差异化设计，以当地女性客人为主流，店铺变得兴旺起来。

规划重点

- 全面的调研和差别化。
- 有效利用照明的阴影与照明方式的窍门。
- 重复利用现有家具。

与竞争对手的对比 ©Stirling Elmendorf

为了与其他店铺形成差异，尽可能使用接近自然的材料，力求打造温馨的空间。

第5节　做出差别的方法

规划概要（美容院，大阪府高槻市，80.54 m²）

美容院林立区域的翻新计划。店铺周围的街道以灰色为主，时尚现代、主打无机质风格的美容院比比皆是，每家店看起来都千篇一律，用过多遮挡视线的设计，让空间失去了纵深感。于是，笔者做了从街道上可以一眼看到店铺内部的设计计划，目标是打造气氛温馨的沙龙。幸好店里原有的镜子和造型

利用方木做出的装饰品 ©Stirling Elmendorf

方木棒是普通的建材，利用可低价买到的方木棒，制成店铺门面的装饰品。

集合住宅 RE：02 ©Stirling Elmendorf

椅带有自然风格，可以重新利用，也可以作为选择新材料时的参考要素。为了隐藏钢筋的形状而对墙壁进行加厚，并摆放大小各异的箱子。这些箱子可以发挥收纳架的作用，还能给空间带来节奏感。用一根根方木交叉组成的装饰品巧妙地分隔空间，轻柔地包裹着整个沙龙。晚上关店以后可以点亮这个装饰品，让它发挥沙龙的长明灯的作用。

空间延展 ©Stirling Elmendorf

使用玻璃、不锈钢等反射率高的材质，呈现出明亮开阔的空间效果。

规划重点

- 通过打造开放、温馨的空间，与竞争对手形成差异。
- 用低价的材料制成装饰品修饰店铺的门面。

第 6 节 防止犯罪的方法

规划概要（集合住宅，大阪府门真市，150.60 m²）

经济高速增长时期，到处都建起了大型集合住宅，很多位置条件欠佳的集合住宅都面临着难以转卖的困境。大规模改建必须投入巨额资金，这种情况一直存在。而地方城市的集合住宅维护计划，目的是让老旧的集合住宅重获新生。计划修缮

通过映射防止犯罪 ©Stirling Elmendorf

墙面、天花板和装饰品的映射能起到防盗镜的作用，还能减少犯罪。

餐厅 MUSIC SQUERE 1624 TENJIN ©Satoshi Asakawa

随时间推移而愈发老旧的建筑,还要根据现代生活方式设计进门大厅。

　　首先整理了现有无序的设计标准,引导路的天花板、进门大厅的墙面、工艺品采用了强反射的材料,以保证受物理条件制约的大厅的亮度及视野范围。同时,因为反射性强的材料能映出人影,在心理上能达到减少犯罪的效果。另外,在入口设计了公共大长椅,可以兼做展示空间,成为集合住宅的新门面。

规划重点

- 思考有效利用有限空间的方法,效果叠加。
- 使用反射性强的材料,开阔视野同时防止犯罪。

第 7 节　克服不利条件的方法

规划概要（演出场地,大阪府高槻市,305.00 ㎡）

　　商业区因爵士音乐节等活动而吸引来自全国的演奏者和观众,在陈旧大楼的地下,规划了能容纳 100 人就座的演出场地。其他演出场地通常将地板、墙壁、天花板都涂成黑色,利用

演奏者的视角 ©Satoshi Asakawa

为了增强视听感受,尽可能拉近演奏者与观众之间的距离。

隐藏大梁 ©Satoshi Asakawa

用叶脉造型遮盖大梁,形成有机自然、具有延续性的设计。

姬岛神社参集殿 ©Satoshi Asakawa

聚光灯营造氛围,不过想在这里表现出自然的感觉,令人感觉不到身处地下。另外,由于支撑地面建筑的大梁和柱子限制了地下空间,为了让有限的空间显得更宽敞,希望尽可能确保层高,从顶棚楼板垂下来的大梁相交叉,同时收纳空调和换气设备等。灵活运用不利条件进行设计很有必要。间接照明利用了大梁环抱的地方,呈现趋近阳光的向阳处和从树叶间洒落的日光,大梁由让人联想到叶脉的造型包围,营造出自然有机的宽敞空间。因为想要留下尽可能多的座位,所以竭尽全力拉近演奏者和观众席的距离,打造充满临场感的舞台。

材料对比 ©Satoshi Asakawa

墙壁的日本落叶松采用了叠板贴法(木板的一部分重叠的贴法),上半部分使用了和纸。天花板使用了铝制镜面材料,形成了传统与现代材料的对比。

规划重点

- 区别于传统演出场地。
- 积极利用不利条件(影响空间的结构等)进行设计。

第 8 节　传统技术的新用法

利用手漉和纸做成的拉门 ©Satoshi Asakawa

轻薄的和纸充分展现了手工漉洗的特点,展现出空间的紧凑感。打开拉门后,则给宽敞的空间带来变化。

规划概要(参集殿,大阪府大阪市,223.79 m²)

深深扎根于当地的神社——参集殿。设有举办祭神仪式的大客厅和神社办公室,凭借日式手漉和纸拉门柔和地隔开空间的构造,可满足婚礼、演讲、美术展览等多种需求。

屋内有效利用了地下良好的隔热性,在全馆安装了中央空调,减轻地暖的负担。气体体积大的空间 24 小时低功率运转,降低了设备运转费用,不会出现温度的急剧变化。再加上墙壁使用了日本落叶松的木材,采取叠板贴法,增加表面积,提高材料的吸水性,墙壁上部的和纸与地板使用的日本落叶松也起到了调节湿度的作用。另外,天花板是光滑的黑色镜面,能反射出阳光和神木,进一步丰富了昼夜的神秘空间变化。

由于在现代建筑中融入传统技术和感性,成了传承下一代的学习场所,深受众人喜爱。

规划重点

· 传统材料与现代加工材料的对比。

· 在环境性能中灵活运用以往传承下来的技术和材料。

第 9 节 功能叠加的方法

规划概要(带店面的住宅,京都府京都市,127.53 m²)

这间带店面的住宅里住着一对上班族夫妇和一个孩子。一楼是店面(丈夫的事务所),二楼是住宅。二楼有两个房间及客厅、餐厅,另外还有一间小小的和室。目前妻子和孩子住在房间 1,丈夫住房间 2。等孩子长大需要自己的房间时,妻子住房间 1,孩子住房间 2,丈夫住和室。等孩子自立了以后,房间 1、房间 2 分别会成为夫妇的卧室。就算将来要和住在附近的祖母一起住,和室也可以发挥卧室的作用。若将进门的小路布置成露天庭院,也可将这间和室作为茶室使用,巧妙地控制了一家人的生活周期。另外,事务所和停车场之间的隔断可以轻易拆开,可以作为与二楼的生活空间相独立的房间,便于出租。在房子的骨架老朽前,一家人可以在这里悠闲生活。

考虑到景观的外观 © 桥口建筑研究所

屋顶和屋檐符合京都的景观条例,使用了瓦片。二楼的外墙使用杉木板叠板贴法,一楼外墙采用铠甲型的清水混凝土来装饰叠板贴法的杉木板。

柔和的室内分区 © 桥口建筑研究所

用拉门做隔断,巧妙地分开各个房间。墙壁贴了和纸,天花板上能看到原木板和梁,利用屋顶的倾斜度留出缝隙,让自然光洒进房间,令室内环境更丰富。

规划重点

· 小小的和室可以作为个人房间、客房、用于爱好的房

间,控制一家人的生活周期。

· 以日式拉门作为隔断,构成灵活多变的空间。

一楼平面图

二楼平面图

图 1-1 西阵家 © 桥口建筑研究所
注:本书图中所注尺寸除注明外,均以毫米为单位。

第2章
室内设计的工作

室内设计师的工作不仅仅是创造出功能性强的优秀空间,还要满足客户的需求。实际上室内设计师会提供无形的产品,并且收取报酬。本章将介绍客户与室内设计师之间达成的交易,并尝试站在行业构造的基础上理解室内设计师的工作。

第1节 室内设计的要求

在建造住宅,或者店铺开张准备做生意的时候,委托建造、设计、工程等专业人员工作并支付费用的人被称为客户。当设计项目是住宅时,客户一般是住户;设计项目是店铺时,客户一般是店主或经营者。

那么,客户对室内设计有何要求呢?

室内设计工作需要的技术,可以列举以下四点:

①通过对室内空间的装修、家具布置和照明设计等,完成适合住宅、店铺、办公室的空间,并且提高便利性和舒适性。

②整体呈现出多样的风格、氛围和个性。

③能够影响人的心情,促使人采取行动,解决问题,带来某种益处或效果。

④凭借可靠的施工技术、优良的材料,以及合适的价格来实现高性能。

在室内设计和建筑设计中,①②③是"软装",④是"硬

参照:
①②③→第3、5、6章(规划、通用设计、色彩等)
④→第4、7、8、9章(设备、室内装修、搭建装饰、建筑开口、装修材料等)

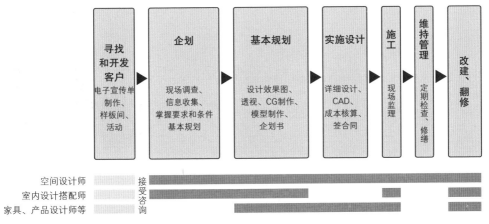

图 2-1　室内设计的基本业务流程与业务协作

装"，可以通过硬装合理地降低成本。另外，由于用途不同，客户对软件会有不同角度的要求，因为设计师的经验会对结果产生影响，所以室内设计的业务现在大致分为"住宅""店铺""家具、产品"，每个领域都有专业的室内设计师。

空间设计是室内设计工作的核心，从规划到竣工、交付，再到维护，对全程负责。其中一部分专业细分领域工作与室内设计搭配师，家具、产品设计师等合作推进（图 2-1、图 2-2）。

下面来看看这些设计师分别对应什么客户，提供哪种服务。

图 2-2　室内设计关系

参照：第 13 章"室内设计实务的推进方法"

室内设计可以连接起各个领域的人，创造出新的价值与服务。

第 2 节　室内设计师的分类

根据业务室内设计师可分为三大类（图 2-1）。

1. 空间设计师

空间设计师会综合设计住宅、店铺、公共设施等的室内环境。当项目是店铺时，空间设计师会接受店铺管理者的委托，设计店铺空间、监督工人施工（图 2-3）。

另外，店铺的品牌创建、销售企划、举办活动用的公共设施等要与客户拓展计划融为一体，创造符合设计理念的店铺空间。即使不去询问店铺使用者（消费者）的需求，以结果导向力求提高销售业绩，分析消费者需求也非常重要。

品牌创建：是指不仅在产品和服务方面，也要在标志等方面和其他类似产品进行区分，赋予其理念、话题性与情感等附加价值，提高品牌形象，让客户更强烈地感受到附加价值的战略性活动。

图 2-3　空间设计师的工作：接受店铺管理者的委托，提供店铺企划与设计的情况

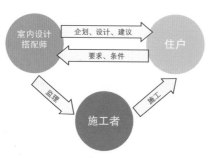

图 2-4　室内设计搭配师的工作：接受住户（在此生活的人）的委托，选择家具、灯具、窗帘等，提出搭配、配置等的方案

图 2-5　店铺设计方案

图 2-6　住宅设计方案

图 2-7　家具设计方案

2. 室内设计搭配师

室内设计搭配师主要以个人住宅为对象，听取住户的直接需求，提出适当的建议，促使客户做出选择和决定，并将客户的选择和决定反映在设计和施工中，引导客户购买室内设计产品（图 2-4）。

在建筑师已经设计完住宅的整体结构、区间划分和形状的情况下，室内设计搭配师要把握包含建筑条件在内的整体情况，利用广泛的知识和审美整理客户的要求，提出可实现的、合理的建议和方案（包含销售室内设计产品等），将客户的个性和要求具体呈现出来，提供更好的生活品质（图 2-5~图 2-7）。

室内设计搭配师处于施工者与客户之间，承担着正确传达双方的想法、防止出现纠纷的职责。

3. 家具、产品设计师

图 2-8　家具、产品设计师的工作：接受家具、杂货、住宅设备机器厂家或者空间设计师的委托，提供产品企划及产品

家具、产品设计师负责家具、灯具、厨房等各类构成空间的产品的结构和设计，研究功能性与设计感、生产效率、销售渠道等问题，并提供给制造商（图 2-8）。另外，也有接受空间设计师委托特制产品的情况。

表 2-1　室内设计师的专业性和所属行业

职业		空间设计师	室内设计搭配师 （室内形象设计师）	家具、产品设计师
客户 （提出委托的人）		店铺运营公司 开发商 店铺经营者 住户	住户 房地产商 设计工作室	家具、日用品制造商 住宅设备机器制造商 结构设计工作室 设计工作室
设计对象		店铺、住宅、酒店、展厅、办公室、医院等	住宅、公寓、样品房、福利设施、展示品等	家具、杂货、装修家具、住宅设备机器等
服务业	职业种类	结构设计、设计职业	结构设计、设计职业 室内设计搭配职业	结构设计、设计职业
	所属	·设计工作室 ·结构设计工作室	·设计工作室 ·结构设计工作室 ·房地产公司	·设计工作室 ·结构设计工作室
建筑业	职业种类	结构设计、设计职业	室内设计搭配职业	—
	所属	·店铺结构设计公司 ·店铺施工公司 ·建筑工程承包商	·建筑工程承包商 ·房地产商 ·建筑公司	—
制造业	职业种类	—	产品陈列室咨询职业	产品企划、制造职业
	所属	—	·家具制造商 ·织物制造商 ·设备机器制造商 ·建材制造商	·家具制造商 ·布料制造商 ·设备机器制造商 ·建材制造商
零售业	职业种类	—	销售职业	销售企划、顾问职业
	所属	—	·商场 ·室内装饰品店 ·建材市场	·商场 ·室内装饰品店 ·建材市场

有的制造业负责开发有魅力的商品（针对批量生产），提出企划和制作产品（主要指定制产品）。

第 3 节　室内设计的工作

1. 室内设计界的客户开发

为了得到工作，要事先调查、分析人们想要什么样的室内设计（需求），预测人们的要求。这项活动是室内设计师业务的出发点，也可以说是开发客户阶段。

室内设计师不仅要从空间与家具的使用者口中直接听取他们的要求，平日里也要广泛收集信息，了解时代流行、热议产品、生活变化、社会问题等，也要把握其他公司的传单、网页设计、销售活动演出的趋势。以此为基础，缩小客户群和宣传广

表 2-1 显示了室内设计师就职于哪种企业，从事什么职业。

市场调查的要点
①经济动向、生活文化、人们的意识和社会问题、社会背景；
②产品、行业、技能相关的信息；
③选定地点条件、委托人的要求、竞争企业的动向；
④实地考察。

在调查中最有趣也最正确的是实地考察。在街上漫步，逛街边小店，才能收获大量信息。

图 2-9　样板间

图 2-10　信件广告和展会活动广告

告的投放范围,确定销售重点及提议方针。经过种种计算制作出来的主页、宣传广告、活动等,不仅能增加设计师的粉丝,还能让其他人重新认识室内设计,意识到室内设计的必要性,引导个人咨询及签订合同的步骤(图 2–9~图 2–11)。

2. 从市场营销到客户开发

　　室内设计业界的**市场营销**是提供符合客户要求的设计,通过后续的修理和维护等售后服务,高效地利用直接从客户得到的信息。负责人丰富的经验就是产品本身。但是如今购买住宅和家具相关产品计划的人越来越少,对室内设计师的要求也变得多样化,市场营销是要考虑到全体经营环节的活动。对于有购买计划的人,不仅是"简单地卖个东西",还要经常广泛地宣传设计师的个性、信息、能力,这样的话,可让没有购买计划的人也产生兴趣,抱有好感,并主动寻求了解。开发客户是十分必要的,市场需要能让客户认可、满意的室内设计师。

图 2-11　主页设计

> **市场营销:**是指市场调查、销售计划、产品计划、销售价格、销售渠道、促销等整个流程。

3. 客户的需求

　　对室内设计师来说,客户需求是基础,因此要善于发现客户的需求和意愿,以提高设计满意度为目标。那么,客户的需求从哪里来呢?

　　关于人的需求,可以应用马斯洛需求层次理论(图 2–12)。人们每满足一个层次的需求,就会转向下一个层次,

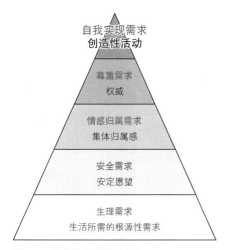

图 2-12 马斯洛需求层次理论

图 2-13 AIDMA 法则和 AISAS 法则

因此,可以从客户的情况等出发,找出他们的需求,讨论方案的方向性。

· 客户的决定与购买行动

人们购物的心理变化遵循一定的法则,这叫购买心理过程,有"AIDMA 法则"和"AISAS 法则"等(图 2-13)。无论是哪种法则,在每个阶段都能采取合适的销售方法,能取得最佳效果。另外,互联网上的网络市场营销要在网页构建时灵活地利用消费心理,增加点击量,引导客户签订合同。

4. 目标分析与客户满意

· 室内设计是为了谁?

室内设计确定了具体设计项目后,比如店铺,就要以获得利益、提高销售额为目标,为有效达成目标而推进计划。这时,对室内设计师来说最重要的角度就是"为谁而设计"。

一般来说,由于年龄、性别、职业、收入、家庭构成等因素的不同,方向、生活方式、需要的功能、出入场所也不同,客户阶层会被细分(市场细分),要将不同的客户阶层作为目标(市场目标)进而确定企划。如图 2-14 所示,要配合用地周围的条件,讨论并确定目标人群和商品材料。室内设计师要分析目标人群,设计空间和家具,做预算(设计费用、施工费用和店铺的销

美国心理学家亚伯拉罕·马斯洛假设"人是为了实现自我不断成长的生物",将这个过程用五个阶段来表现。

因为互联网营销几乎不需要成本就能起到宣传作用,所以年轻设计师要积极使用哦!

这里提到的目标人群,在店铺项目中是指店铺的顾客,在住宅项目中是指住户。

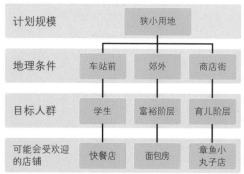

计划规模	狭小用地		
地理条件	车站前	郊外	商店街
目标人群	学生	富裕阶层	育儿阶层
可能会受欢迎的店铺	快餐店	面包房	章鱼小丸子店

图 2-14 店铺企划设定流程案例

图 2-15 招牌标志设计（设计：中央工学校园 OSAKA 学生）

图 2-16 橱窗展示设计

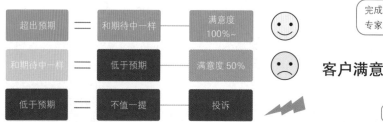

图 2-17 客户满意度流程

完成的作品：超出预想+α，只有专家才能提出的令人惊喜的方案！

$$客户满意度 = \frac{完成的作品}{期待 + \alpha}$$

α = 感动、惊喜、一定受欢迎

图 2-18 客户满意度

售额），灵活运用场所的特点，思考包括招牌（图 2-15）和橱窗展示（图 2-16）之类能促进揽客和销售的设计企划。

· **客户满意度**

客户满意度（Consumer Satisfaction，英文缩写为CS），指的是要尽可能满足客户（消费者）的需求，优先做出让客户满意的方案、产品开发和销售活动，这是市场营销中最重要的思路。推进客户满意度可以增加产品和消费者数量，因此被纳入所有行业的经营战略中。另外，多数企业采取客户问卷调查等方式将客户满意度用数值来表现，作为一项成绩来公布。特别是房地产行业，掌握顾客需求、提出方案的能力，以及客户对设计师的信任会对销售起到很大影响，因此会积极地宣传本企业的客户满意度很高。为了让客户足够满意，必须提出比客户本身预想更好的方案（图 2-17）。图 2-18 是将满意度用数值表现，提出超出预期+α 方案自不用说，只有当完成的效果超出预期时，客户满意度才会达到 100%。

确定目标人群后，要彻底研究，用目标人群容易理解的表现方式很重要！如果过于重视理念和艺术性，就会忽略目标人群，要注意哦。

为构建信任关系，要做好日程表和预算管理，确定之后就要遵守约定，可以进行适当的调整。无论遇到什么都满怀诚意对待问题，这种基本态度是很重要的。

・环保理想

实现排除有害物质、减少垃圾、让物流更高效、可循环的结构等设计被称为可持续性设计，这种以构建与环境共生的社会为理念的设计受到人们的密切关注。将其融入室内设计中时，客户满意度会有提高的倾向。设计的意义不仅是注重功能、喜好与个性，贴近客户的价值观同样重要(图 2-19)。

图 2-19　呼吁环保理想的设计

减轻对环境造成的负担，使用环保营销、绿色营销的方式，可提升企业形象。

第 4 节　室内设计师的咨询业务

为了确定设计方针，设计师要直接与客户沟通，听取他们的要求，这是设计师最重要的工作。在与客户的沟通中，设计师要找出问题，给出解决方法，为后续工作给予支持，这就是咨询业务。下面让我们来看看室内设计师的咨询业务。

必须与客户商议的事项也有区别(表 2-3、表 2-4)，设计师的人生观、人品也会成为让客户表达真实想法的关键。

1. 商用空间与居住空间的区别

对于空间设计来说，无论在什么样的空间中，客户一定会对便利度、舒适性、性能、成本控制和施工技术提出要求。另外，居住和商用的目的不同，规划和设计中涉及的相关法律、规定等区别也就很大(表 2-2)。无论面对何种要求，丰富的经验都会对结果产生积极影响，因为设计师大多有自己擅长的专业领域。

2. 商用空间设计的咨询业务

空间特别是店铺设计领域，客户也就是店主打造时尚店铺的目的是产生利润。他们需要富于经营窍门、宣传方法、品牌打造的方案，所以不仅要展示店铺的效果图、模型和图纸，而且要展示包含服务特征、店铺风格(图 2-20)、视觉冲击力、店内陈设、商品摆放等内容，还要向客户演示包括设计效果、设计依据、设计理念等内容的企划书，才能得到认可。

商用空间也有多种多样的业种、业态。设计师首先要理解项目的特征，然后再进行咨询。

打造魅力店铺时，重要的是照明设计。照明设计师有设计光照的和设计灯具的两种。

前者利用成品和间接照明的组合，调整空间的光照环境，即进行照明规划。后者能展现不同概念、风格、个性的照明器具的设计，提供给制造商。二者都是专业度很高的照明设计师。

表 2-2 居住空间与商用空间的区别

居住空间		商用空间
· 普通住宅、福利设施 （独栋住宅、公寓、合租房等）	用途	· 餐饮店、商店、服务业 （专卖店、百货商店、购物中心等）
· 保证生活在其中的人的安全和舒适 · 有品质的生活 · 能应对家庭变化的连续性	目的	· 顺利销售商品 · 凭借魅力和冲击力招揽客户 · 收集、管理客户信息
· 特定的人 （只有住在这里的家人）	使用者	· 不特定的、人数众多 （年龄、性别不限的人都有可能使用）
· 注重个性、个人风格、住户的喜好、与周围的和谐 · 充满安心与眷恋（日常） · 睡觉、吃饭与休息（非生产性）	氛围 风格	· 重视品牌展示、潮流、宣传效果、人气、差别化 · 与日常生活相距较远的空间（非日常） · 买卖、交易、交涉（生产性）
· 符合家庭成员构成和满足其生活方式的房间分区很重要 · 外观、庭院、结构等与室内设计的协调	与建筑的 关系、影响	· 符合商品陈设、人员流动的空间的大小和形状很重要 · 就算与建筑本身没有联系，只要确立店铺入口的设计就没问题
· 一般来说住户内的楼梯、内部装修的法规中，应对灾害要求比较宽松，但是要求重视健康	法规	· 必须考虑到众多使用者的安全，注重受灾时的避难通道、灭火设备、楼梯内装材料的不易燃性

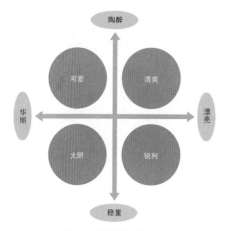

图 2-20 店铺室内风格的印象提升

表 2-3 店铺设计的商议事项

①需要掌握的客户信息
· 经营理念、价值观念
· 店铺使用者喜欢的风格、嗜好（图 2-20）
· 感兴趣、关心的事情，审美

②应该提供给客户的信息
· 不同业种、业态的倾向
· 潮流、目标客户层的喜好与倾向
· 设计师的施工实际成绩（评价）

③确认客户的要求，调查实际情况
· 现场实测、情况确认
· 地理条件（竞争店铺与客户层）
· 工期、预算、法律规范等前提条件
· 目标收益

业种分为：①咖啡厅、餐厅等餐饮业；②便利店、专卖店、百货商店等购物业；③美容院、干洗店等服务业等。业态从大型购物中心到小型专卖店，有各种经营形态和店铺形式。

参照：第 3 章第 5 节"公共空间的规划"。

参照：第 3 章第 4 节"居住空间的规划"。

3. 居住空间室内设计的咨询业务

室内搭配师和室内设计师负责居住空间的设计时，会从对住户的采访开始，按照提出方案→交涉、调整→达成共识的流程进行。从初次面谈开始，与客户的交流就被称为咨询业务。为了能提出恰当的方案，要准确把握客户的意向，充分收集信息,另外为了让客户做出决定,要适当提供必要的判断材料(表 2-4)。

　　确认并掌握上述信息后,就要开始具体构建空间风格(图 2-21)。为了让客户准确理解完成后的状态,要用 CG 建模等手段真实地传达,随时注意不要让客户产生误解。当确定家具、照明和设备机器等元素时,要尽量带客户参观厂商的样板间,让客户接触实物,确认商品的功能、性能、材质、颜色和形状等。接下来,要总结方案内容展示给客户,再进行微调,巩固规划。

> 由于客户在室内设计和建筑方面的知识与经验很少,很多时候无法明确表达疑问与要求,因此,在引导客户说出要求,寻找目标的过程中很容易产生误解,这一点要格外注意。

参照: 展示【→第 12 章"透视图"】。

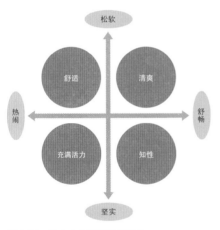

图 2-21　住宅室内风格印象提升

表 2-4　住宅设计的商议事项

①需要掌握的客户信息 ·生活方式、居住意识、价值观 ·喜欢的风格、嗜好(图 2-21) ·感兴趣、关心的事情,审美 ②应该提供给客户的信息 ·什么样的设计更畅销 ·使用方法、保修情况等 ·颜色、图案的流行趋势 ·使用者的口碑信息 ③确认客户的要求、调查实际情况 ·现场实测、情况确认 ·家庭状况 ·工期、预算、法律规范等前提条件

第 3 章

室内设计的规划

室内设计是使生活空间更加便利舒适的技术。重要的是在注重美观的同时,要考虑空间的功能性。本章将以人体工学为基础,学习人们面对空间时的心理,以及设计中为满足空间所需"功能"的必要知识。

第1节 人体工学

1. 什么是人体工学

所谓人体工学是思考以"使用便利、舒适"为基础的一种智慧。空间功能的实现要以使用便利为前提。比如有的椅子尽管美观,但是坐起来不舒服,这种椅子的设计就是不合格的。坐起来不舒服可能是椅子的座面过高、靠背过低、座太硬等各种原因。收集普通人身高体重、手脚长度、身体的动作等数据,灵活运用于空间及家具等设计中,这样的学科就是"人体工学"。人体工学的基础是人体的尺寸,会根据使用者的性别和年龄等发生变化。椅子的座面高度哪怕只改变 1 cm,也能为舒适度带来巨大的变化。

2. 人体尺寸与设计

人体工学的基础是人体尺寸。必须要了解人身体各部分

> 人体工学是一门在了解人体尺寸与构造的基础上,为了构建、设计出让人毫不费力就可以使用的空间和环境的实用学问。

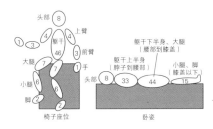

图 3-1　人体各部分质量比（参考文献 1 ）

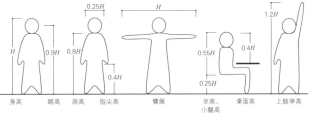

图 3-2　人体各部分尺寸（参考文献 2 ）

的尺寸、重量、身体的结构和各部分的动作。

　　首先是身高,成人的平均身高加减 5~10 cm 后,就能涵盖九成以上的人,意识到这一点后,再加入适当的余量,形成设计标准。比如出入口门的高度,考虑到人直立进出的情况,成年男子的平均身高为 170 cm+10 cm=180 cm,加上余量,门的高度普遍会设计为 200 cm 以上。

　　身体的重心高度同样重要。重心比身高的中心略微偏上,在肚脐下方,以身高 160 cm 的人为例,重心大约在 90 cm 的高度。阳台扶手等部位考虑到安全性,防止坠落,所以会设计得比重心高,法规规定要高于 110 cm。另外,最好了解肩宽、坐高等身体各部位的尺寸,作为设计的标准。这些尺寸几乎都与身高成正比。

　　关于人的体重,相对于整体体重,有各个部位大概多重的标准比例（人体各部分质量比）。比如全部体重为 100%,那么头部的重量占 8%,躯干占 46%,椅子的座面要承受的质量为体重的 85% 等（图 3-1 ）。

3. 静态人体尺寸（基本姿势与尺寸）

　　人体保持静止时的尺寸就是静态人体尺寸。了解人的身高、直立及坐下等基本姿势时的尺寸,对设计有帮助。

　　进行站立或坐下等动作的时候,人体各部位的尺寸与身高成正比。若将身高设为 H,则肩宽为 $0.25H$（身高的 1/4 ）,肩膀高度为 $0.8H$（图 3-2 ）。这些尺寸是人体尺寸的估算值,可以在工程设计中使用。

　　在空间中进行的各种行为里,基本的生活姿势可分为站

过去日本成年男子身高以 165 cm 为标准,成年女子身高以 155 cm 为标准,不过最近成年男子的平均身高达到了 170 cm 上下。

人的手臂伸展开后的长度大约与身高相等。
　　了解自己的手心大小、手臂长度等身体各部分的尺寸后,就算不用工具,也能用自己的身体测量出大致尺寸。

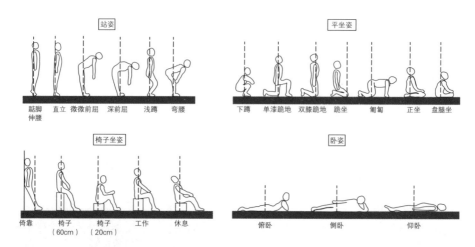

图 3-3 站姿、椅子坐姿、平坐姿、卧姿(参考文献 3)

姿、椅子坐姿、平坐姿、卧姿四种(图 3-3)。

直立、步行、前驱等姿势被称为站姿,坐在椅子上、靠在墙上等姿势为椅子坐姿,弯曲下肢的姿势为平坐姿,俯卧、仰躺等状态为卧姿。

4. 动态人体尺寸与单位空间

与上文中的静态人体尺寸相对,人活动时的范围尺寸是动态人体尺寸。

当人站在某个场所时,活动身体各部分时所需的空间区域叫作动作区域(或者活动区域)。动作区域分为:表示在水平面上手的活动范围的水平活动区域(图 3-4),以及表示手上下活动范围的垂直活动区域(图 3-5)。二者结合形成立体活动区域。

人的动作区域与家具等物品的尺寸,再加上动作所需的富余空间构成动作空间。动作空间通过留有余富空间可以提高便利舒适度,是重要的空间。

构成动作空间的一系列生活行为所必需的空间领域叫作单位空间。卫生间等作为单一动作空间而独立,可以说单位空间就是房间空间。不过也有盥洗室、更衣室这类房间,把用于洗脸的空间、更衣的空间、由于收纳而开闭的空间等多数动作空间包含在一个房间,这样的房间也是单位空间。

思考动作空间时,要按顺序确认以下四点:
① 人体尺寸:了解人在静止状态时的尺寸。
②动作区域(活动区域):确认人在保持静止状态时,做出必要的手部及脚部动作时的尺寸(图 3-4、图 3-5)。
③动作空间:确认动作区域加上富余家具尺寸所需的空间大小。
④单位空间:确认与动作空间组合后的各个空间的大小。

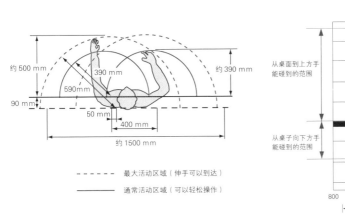

图 3-4　水平活动区域(参考文献 4)

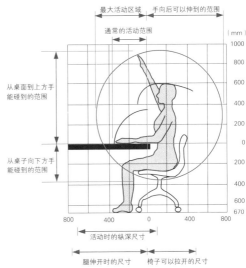

图 3-5　垂直活动区域(参考文献 4)

5. 家具、设备与物体的关系

衣柜、抽屉、桌椅等家具，洗脸台、厨房、厕所等设备，家具上的置物架和摆台等，是摆放大小和使用便利舒适程度完全不同的物品。为了更方便使用物品，要在空间内划分各单位空间，保证每个单位空间都有足够的空间。设计和布置家具、设备与物体时，要时刻考虑人体工学。

家具的形状与尺寸要根据其与人及物品的关系来决定，根据它们之间的关系，可以大致分为三类(表 3–1)。

椅子和床等支撑人体的家具与人的关系密切，被称为"**人体工学家具**"。餐桌、书桌等放置物品、工作用的家具与人和物品两方都关系密切，所以被称为"**半人体工学家具**"。橱柜和书架等家具与人关系较弱，与建筑空间大小及餐具、书本等物品关系密切，被称为"**收纳家具**"。

另外，由于用途不同，家具的横截面形状和尺寸也会发生变化。以椅子为例，形状要分别适用于工作用、简单作业、小憩用、休息用等各种情况(图 3–6)。

在室内空间中，为了让人们生活得轻松舒适，必须随时考虑人体尺寸与空间、家具、物体的关系，留有方便使用的空间，是否构成了使用方便的空间，重要的是在设计中灵活运用人体工学。

表 3-1　家具的种类

分类	人体工学家具	半人体工学家具	收纳家具
功能	支撑人体	支撑物品	收纳、隔断
人与物体的关系	人	人 / 物品	
家具	椅子、沙发、床	餐桌、书桌、吧台	酒柜、餐具柜、衣柜、屏风

(参考文献 5)

坐椅子时，要考虑需要什么样的尺寸；打开收纳空间时，要考虑收纳前需要多大的空间；配置家具时，要想象各种使用场景。当需要配置多个家具时，要将它们组合起来思考，进行空间设计。

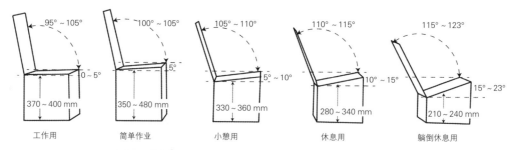

工作用　　　　　简单作业　　　　小憩用　　　　　休息用　　　　躺倒休息用

图 3-6　不同用途的椅子各部分的尺寸差异

第 2 节　度量标准与心理

空间设计不仅与人体尺寸有关,还在很大程度上受到建筑空间与使用材料的尺寸、人的动作习惯、心理要素的影响。

1. 模数与模数协调法

生产建材和设备的现场,经常会使用模数这个词。

模数指的是尺寸或者规格化的尺寸单位。日本自古以来使用的尺贯法也是模数的一种。

在日本的住宅设计中,大多数情况下以 3 尺(约910 mm)为基本模数,比如建材中的胶合板等板制品,大多是910 mm×1920 mm 的尺寸。

在日本,也会使用被称为"木割"的尺寸体系。以柱子的宽度为标准,其他材料的宽度为柱子的 1/2 或 2/3,以此确定比例。

法国建筑师勒·柯布西耶设计了模数尺寸体系,用黄金分割比来划分人体尺寸(图 3-7)。

凭借模数来确定空间大小和使用材料的尺寸及布置等,这种方法叫作模数协调法。使用模式协调法,能够在改造建筑时,提高标准尺寸的建材更换和改变房间布局的效率。

日本的榻榻米尺寸也是一种优质的模数。根据地区不同,榻榻米分为关东间(江户间)、京间、中京间等不同尺寸,这是受不同的地区考虑模数的方法不同的影响。有以住宅的柱间

尺贯法是日本自古以来一直在使用的计量方法,使用"尺"作为长度单位,使用"贯"作为重量单位。

1 尺约等于 303 mm,1 寸约等于 30.3 mm。

黄金分割比是指分割一条直线时,$a:b=b:(a+b)$ 时的比例。横竖比例大约为1:1.618。

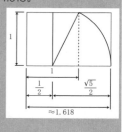

图 3-7　模数（参考文献 6）

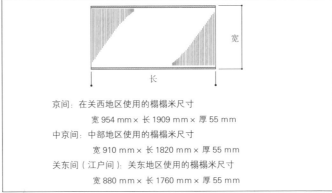

京间：在关西地区使用的榻榻米尺寸

宽 954 mm× 长 1909 mm× 厚 55 mm

中京间：中部地区使用的榻榻米尺寸

宽 910 mm× 长 1820 mm× 厚 55 mm

关东间（江户间）：关东地区使用的榻榻米尺寸

宽 880 mm× 长 1760 mm× 厚 55 mm

图 3-8　榻榻米尺寸

距为标准确定房间大小的"柱割"模数和以榻榻米尺寸为标准的"榻榻米割"模数等（图 3-8）。

2. 人的行动和癖好

人的动作乍看之下没有共通性，但如果选取大量数据进行观察的话，就会发现其中的共通性。这种大多数人行动时共通的癖好和特点，就是群体定型反应。

比如转动把手和水龙头时，习惯用右手的人一般会用右手顺时针旋转。因此，门把手会设计成顺时针旋转打开，水龙头等为了节约用水，会设计成顺时针旋转关闭（图 3-9、图 3-10）。

所谓群体，是代表母群体（统计学术语）的词语，并非特定人群，而表示考虑多数人的情况。

3. 人与人之间距离的心理要素

由于亲密程度和社会关系不同，人对物理距离的感知会发生变化。人类学家爱德华·霍尔将人与人之间的距离分为以下四类：①亲密关系"亲密距离"（0~45 cm）；②普通关系"个体距离"（45~120 cm）；③上司与下属等社会关系"社会距离"（120~370 cm）；④正式场合等"公众距离"（370~760 cm）（图 3-11）。设计室内空间时，考虑使用者之间的距离感而进行设计十分必要。

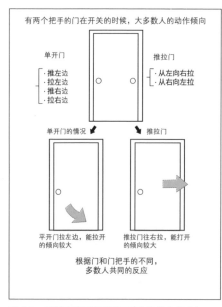

有两个把手的门在开关的时候，大多数人的动作倾向

单开门
- 推左边
- 拉左边
- 推右边
- 拉右边

推拉门
- 从左向右拉
- 从右向左拉

单开门的情况　　推拉门

平开门拉左边，能拉开
的倾向较大

推拉门往右拉，能打开
的倾向较大

根据门和门把手的不同，
多数人共同的反应

图 3-9　群体定型反应的例子①（参考文献 5 ）

普遍来说，手柄把手等顺时针旋转
容易拧动

冷水
热水

因为人们习惯于顺时针旋转，所以设置
冷热水混合龙头时，将热水设置在较难
旋转的左侧方向能提高安全性

图 3-10　群体定型反应的例子②（门、水龙头 ）

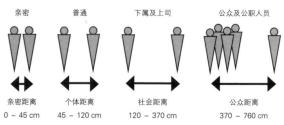

亲密　　　普通　　　下属及上司　　　公众及公职人员

亲密距离　　　个体距离　　　社会距离　　　公众距离
0 ～ 45 cm　　45 ～ 120 cm　　120 ～ 370 cm　　370 ～ 760 cm

图 3-11　人与人之间的距离

4. 个人与集体的距离

　　人们都会有不想被他人侵入的领域。环境心理学者索玛将人们不想被他人侵入的隐形领域空间命名为"个人空间"（图 3–12 ）。

　　另外，多人处于同一空间的情况，基于不同目的形成各类集合形式。让人们容易沟通的布置状态为"社会向心空间（向心性 ）"。相反，便于保护个人的隐私，集中在自己的行动中的布置状态为"社会离心空间（离心性 ）"（图 3–13 ）。

　　在清楚个人心理距离的基础上，规划有多人集中的室内空间时，椅子的排列等问题十分重要。

　　根据爱德华·霍尔的四种分类，当两人坐在椅子上谈话时，必须根据两人的心理关系改变物理距离。如果两人的关系属于密切距离的范围，只需要放一张沙发就够了，而如果是保持社会距离关系的上司和下属，在椅子之间放置一张 1 m 左右的桌子就是最合适的。

5. 空间知觉与尺度

　　人的感觉分为五感（视觉、听觉、嗅觉、味觉、触觉 ）。要想打造舒适愉快的空间，必须让人感觉到舒适愉快。在五感之中，做出空间判断的重要感觉是视觉（图 3–14 ）。就算隔着相当远的距离，视觉也能感受到刺激（远距离感觉 ）。由于距离的不同，也许感受不到物体的材质与细节，不过站在无法碰触的位置上时，视觉依然可以感受到物体的颜色与形状等（图

　　在开会和吃饭时，人们会面向对方，或者相邻而坐，这就是社会向心空间。相反，与他人保持距离，背对对方的空间是社会离心空间。

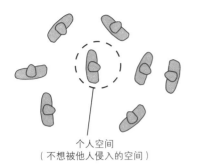

个人空间
（不想被他人侵入的空间）

图 3-12　个人空间

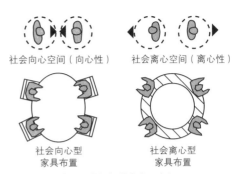

社会向心空间（向心性）　　社会离心空间（离心性）

社会向心型
家具布置

社会离心型
家具布置

图 3-13　社会向心空间与社会离心空间

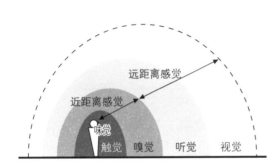

远距离感觉

近距离感觉

味觉

触觉　嗅觉　听觉　视觉

图 3-14　五感与距离（参考文献 2 ）

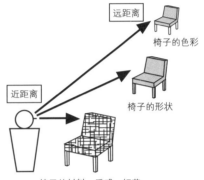

远距离

椅子的色彩

近距离

椅子的形状

椅子的材料、质感、细节

图 3-15　视觉与室内设计

3–15 ）。因此，在空间之中，可以看见的设计很重要。如果过于重视视觉而忽视了听觉与嗅觉，有时就会忽略空间中令人不快的声音及味道等问题，因此，在规划时也要关注其他感官。另外，地板、墙壁、家具的材质等会直接与人的手脚接触，材质的触感和室内热环境的体感也很重要。

根据室内的颜色、材质、图案等不同设计，同样大小的空间也会令人产生视错觉，引起高度和深度的变化。例如，墙壁等使用了向纵深方向延伸的条纹图案，就会显得比实际尺寸更深，若使用了向天花板方向延伸的条纹图案，则会显得高度更高。

进行室内设计规划时，要随时考虑人们使用哪个感官、如何感知空间的。

> 隔着一定距离也能受到刺激的感觉叫作"远距离感觉"。视觉和听觉就是远距离感觉。相反，直接用手脚触碰等，在近距离接受刺激的感觉被称为"近距离感觉"。比如味觉、触觉、嗅觉等就是近距离感觉。

矿工业品　　　　　　加工技术　　　　　　特别情况

图 3-16　JIS(日本工业规格)标志(日本工业标准调查会认证)

> 特定方面：会考虑环境、高龄者、残障人士等特别情况来进行认证。

第 3 节　室内空间的性能与安全性

1. 内饰的性能

在计划阶段，设计师就要与客户达成共识，想要实现何种等级(性能、品质)的空间，这一点十分重要。作为标准，下面将介绍几个空间性能的客观指标。

室内使用的建材规格指标有 JIS(日本工业规格)(图 3–16)。JIS 基于工业标准化法，制定了标准化的规格，符合标准的产品会打上 JIS 标志。另外，对于胶合板、集成材料、地板等以农林物资为原材料的建材，则有基于农林物资规格化及品质表示的相关法律(JAS 法)规定的规格。符合标准的产品可以打上 JAS(日本农林规格)标志。这两种规格都可以在客观上确认建材是否满足必要的性能。

在住宅中，为了表示住宅品质的评价基础，《住宅品质确保促进法》(“品确法”)中设置了显示住宅性能的制度。针对住宅整体，列举了结构安全、消防安全、老化对策、空气环境等共 10 项(图 3–17)，每项都有各自的性能基准。这些项目在设计和施工阶段，由第三方机构——住宅性能评估机构进行检查，以此为基准评价住宅的等级。如果室内空间中也有进行评定的部分，设计师就可以用客观的指标把等级内容告诉客户。

> 有了《住宅品质确保促进法》，就能客观了解自己的住处拥有多高的性能。

住宅性能评价表示项目一览

① 结构安全的相关性能
② 防火安全的相关性能
③ 减少主体老化的相关性能
④ 考虑维护管理的相关性能
⑤ 热环境的相关性能
⑥ 空气环境的相关性能
⑦ 光环境、视觉环境的相关性能
⑧ 声音环境的相关性能
⑨ 适合高龄人群的相关性能
⑩ 防止犯罪的相关性能

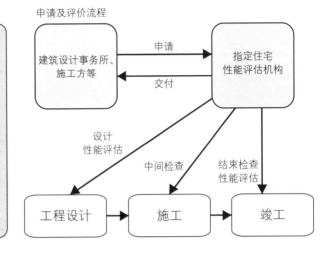

图 3-17　住宅性能评价显示制度

2. 内饰的安全性

内饰性能中,安全性是事关人命的重要项目。规划室内空间时,必须考虑保护人们的生活,让人们能够安全地生活。

安全性主要考虑应对非常灾害和日常灾害的对策。

首先,面对火灾和地震等非常灾害,应该采取什么样的对策呢?

面对火灾,要考虑材料是否易燃、火灾时是否会释放有毒气体、避难通道是否方便逃离等。面对地震,要考虑家具及家电等是否会翻倒坠落、避难通道有没有可能被家具挡住等问题,选择有安全保障措施的家具,准备**防倒五金**等。

日常灾害可以大致分为三类:掉落型(坠落、跌落、跌倒等)、接触型(撞、夹、擦等)以及危险物品型(烧伤、触电、中毒、缺氧、溺水等)(表3-2)。从楼梯上滑倒跌落、在浴室跌倒、在浴室溺水等,都是由于不防滑的地板材质或者没有安装扶手导致的意外事故。应使用有水也不易滑倒的材料、坡度缓的楼梯等,在日常生活中事先估计会发生的事故,进而采取有效的对策。

其次,考虑到室内空气环境有可能对健康造成伤害,在这方面采取对策同样重要。比如为了避免内部装修材料和家具释放出的化学物质导致病态建筑综合征,一定要使用符合标

非常灾害指由地震、台风、火山喷发等严重自然现象引发的灾害。

日常灾害指日常生活中的事故,一般发生在室内。

表 3-2　日常灾害的种类

项目	类型	种类	相关要素
日常灾害	掉落	坠落	扶手、窗户、窗户扶手
		跌落	楼梯、阳台等
		跌倒	地板、地板高度差
		被掉落物品砸伤	天花板、墙壁、灯具等
	接触	撞	门扇、推拉门、窗户等
		夹	门扇、推拉门、窗户等
		擦	墙面
		利器伤害	玻璃、金属等
	危险物品	烫伤、烧伤	热源及其周围
		触电	电气设备、器具
		中毒、缺氧	天然气设备、器具
		溺水	浴池、水池等

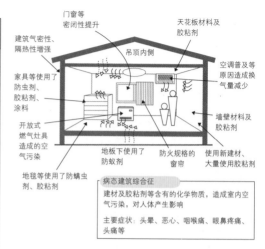

图 3-18　住宅中出现病态建筑的原因

准以上的建材,实施室内换气计划(图 3–18)。

防范犯罪的对策也同样重要。当门上装有玻璃窗时,要注意玻璃窗与门钥匙之间的距离,确保钥匙不容易被偷。也推荐使用电子锁或双重锁,玻璃推荐夹层玻璃,窗框要安装辅助锁等,重要的是根据需要与客户交流沟通,讨论对策。

> 内饰会使用多种材料,在设计时不能忘记安全性,要时时注意材料本身是否散发有害物质、材料的安装方法是否容易引发事故等问题。

第4节　居住空间的规划

我们最熟悉的室内空间就是住宅室内空间。了解了住宅的种类和特点,就可以通过室内规划提高居住品质。

1. 住宅的功能

住宅最开始是像洞窟和竖穴式住居那样用来抵御风雨和外敌的地方。到了现代,住宅不断进化,具备了各种各样的功能,让人们能够在空间中长时间享受愉快舒适的生活。住宅的主要构成有供人放松的客厅、吃饭的餐厅(图 3–19)、做饭的厨房、卧室以及儿童房等房间,还有浴室、盥洗室、卫生间等清洁空间。

2. 生活方式、人生阶段

进行住宅的室内设计时,必须了解住户的生活方式。工作

图 3-19　住宅中的客厅、餐厅

方式、价值观、兴趣、习惯、生活节奏等因素都与住户的生活方式息息相关。在多人一起生活的情况下，重点在于掌握每个人的生活方式，以及众人共通的生活方式，并将它们结合在一起进行规划。另外，随着时间的流逝，生活方式会发生变化。比如一对夫妇会有孩子，孩子会成长、独立，之后与他们年迈的父母同住，或者工作方式发生变化，各人生阶段的需求对室内设计影响很大。

　　进行室内设计规划时，不仅仅要考虑当时的生活方式，还要想象未来的人生阶段，在阶段变化的时候，能够配合生活方式把住宅进行柔性改变，事先想到这些十分必要。

3. 独栋住宅与集合住宅

　　日本住宅有各种各样的形式，大致可分为独栋建筑（图3-20）和集合住宅（图3-21）两种。独栋建筑是独立的一个居住单位，分为平房、两层建筑、三层建筑、带地下室的建筑、两代同居住宅、庭院住宅（court-house）等各种形式。

　　集合住宅是集中了两户以上住户的建筑，根据住户的构成不同，包括很多种类，一般被称为公寓。除此之外，还有社团公寓、连体公寓、联排式住宅等（图3-22、图3-23）。

　　由于住户的生活方式不同，即使设计同样的空间，每个人的居住体验也会有好有坏。有的人在狭窄的空间中能平静下来、感到舒适，也有的人喜欢开放式的宽敞空间。只有了解住户重视的东西，才能设计出符合住户需求、让住户住得舒心的住宅。

"集体住宅"统称"集合住宅"。

图 3-20 独栋住宅

图 3-21 集合住宅

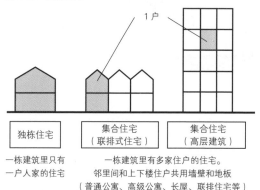

独栋住宅

一栋建筑里只有
一户人家的住宅

集合住宅
（联排式住宅）

集合住宅
（高层建筑）

一栋建筑里有多家住户的住宅。
邻里间和上下楼住户共用墙壁和地板
（普通公寓、高级公寓、长屋、联排住宅等）

图 3-22　独栋住宅和集合住宅

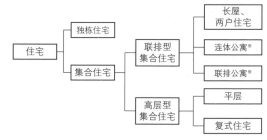

※连体公寓指的是住有多家住户的建筑，有独立的庭院和阳台。连体公寓的用地是每一户分开的，与此相对，联排公寓和公寓楼一样，用地是共有的。

图 3-23　住宅类型

无论是独栋住宅还是集合住宅，每个单位住户内部的功能都是相同的，不过由于集合住宅的走廊、楼梯和公共设备等是所有住户共有的，所以重建时需要获得许可，有时会产生条件限制。

4. 空间连续性

一个住户的住宅进行内部规划，无论是独栋建筑还是集合住宅，功能和思路都是相通的，都要从考虑每位住户所需的单位空间大小、形状，以及位置关系（区域划分）开始。

从与外部的接触来看，玄关公共性高，而与玄关相连的走廊、家人共同使用的客厅等区域属于半公共空间，卧室、单人的房间、浴室和卫生间等属于私人空间，规划时要考虑每一个空间要如何连接，如何用门窗和隔断区分，使用起来会更方便。

比如客厅和餐厅空间是合在一起比较好，还是分开比较

庭院住宅（courthouse）是指有院子的住宅，周围被其他建筑或高大的围墙包围。这种住宅的理念是通过包围居住空间，免受邻居的视线和声音的影响，能保护隐私，改善居住环境。

住宅中有各种空间（区域）。区域划分是指考虑玄关、客厅和餐厅等必要居住空间要实现何种位置关系。

好,厨房和餐厅是开放式比较好,还是封闭式的厨房比较好,由于每位家人的生活方式和价值观不同,空间的布置方式会相应发生改变。

第 5 节　公共空间的规划

室内规划不仅限于住宅,还包括各种公共空间的规划。由于公共空间的性质不同,需要注意的地方也有所不同。

我们在各种各样的室内空间中生活。不仅仅是住宅,还要了解办公室、学校、酒店等空间的室内设计窍门。

1. 办公室

办公室要求能准确反映企业文化的室内设计(图 3–24)。入口附近的设计要向访客及客户展现企业形象。

工作空间分为重视交流的开放式,以及优先考虑隐私的封闭式,两种设计都要考虑能够让人集中精神工作。除此之外,还要有会议室、高管办公室、员工更衣室及休息室等房间来辅助办公,这些房间的设计都要符合各自的功能。

2. 学校

学校有各种各样的类型,如小学、初中、高中、大学、专科学校等。不同的学校,学生的年龄、身高各不相同,进入教室的人数也都不同。教室要能够让学生集中精神学习,考虑教室的色彩和材料的同时,必须注意热环境、声音环境、光环境等因素,不能让这些因素干扰学习。

教室类型还会有美术教室、音乐教室这类特殊的教室。除了教室之外,还有教职工办公室、电梯、楼梯、走廊、卫生间等辅助校园生活的空间,要求规划能满足各个空间的功能。另外,为了学生、教职工等在校人员的安全生活,必须考虑各种安全性对策,比如走廊和楼梯的尺寸要留出余地、设置扶手等。

3. 酒店

酒店是客人接受非日常服务的场所。如何让客人度过一

图 3-24 办公室

图 3-25 酒店大堂

段愉快舒适的时光可以说尤为重要。

　　酒店有以客房为主的商务酒店,还有附设宴会厅、婚庆场地、餐厅和商店等设施的综合性大型酒店,不同酒店的房间数量、工作人员人数、大小和楼层数都各不相同。

　　进行室内设计时,重要的是考虑各个酒店的理念,以此为基准进行内饰规划。前台和大门是酒店的门面,必须在内饰规划中体现出酒店的理念(图 3-25、图 3-26)。客房的设计要想象在客房住宿的客人如何度过,让他们能享受到非日常的服务。

4. 医院、福利设施

　　医院、福利设施有各种类型。首先是医院,从少于 19 个床位的小诊所,到私人医院、专科医院、大规模综合性医院,规模与功能各异。医院和诊所是治病救伤的地方,设计时除了满足功能性与安全性,还要考虑治愈性,尽可能让使用者安心。

　　福利设施也是种类繁多,有面向高龄者的设施、面向残障人士的设施以及面向儿童的设施等,使用者、人数和规模都各不相同。福利设施重要的是让高龄者、残障人士、儿童等使用者轻松愉快地生活。福利设施中,既有像生活居所的设施,如敬老院、残疾人托养所等,又有必要时才去的设施,如日托、工作室、托儿所等。在不同的设施中,使用者的停留时间和进出频率差距很大,不过无论是哪里,都要让使用者感到居家般舒适、身心放松,这样的空间规划很重要(图 3-27)。

　　酒店和医院,重要的是让客人和患者们能舒适地使用,以及让提供舒适服务的工作人员工作变得便利。

图 3-26　酒店前台

图 3-27　福利设施的日间活动室，能感受到木头的温暖

5. 车站、交通设施

车站和各种公共交通有不同年龄、性别的大量非固定人群使用者。为了让初次到达的人们不迷路，顺利到达目的地，在内饰设计上要寻找方法、窍门。设计时还要考虑坐轮椅、挂拐杖或者推婴儿车的使用者，让他们也能安心使用。另外，布置在必要场所来引导人群的指示牌和标志色彩要简洁易懂。

6. 复合商业设施

近年来，建筑的用途逐渐变得复杂且趋向复合化。上文中虽然介绍了各种设施的特点，但是在一个建筑中集以上设施于一体的复合性设施也逐渐增加。例如，有购物商场这样同时拥有餐厅、商铺，甚至诊所的设施；也有复合型设施，同时设立与车站大楼直通的办公室、商业设施、酒店、礼堂和美术馆等（图 3-28、图 3-29）。

根据设施的实际情况，需要做出有特色的建筑单位空间规划，而这些空间不管是上下层还是同层连接，都会产生一些限制条件。多用途空间共存的情况下，要融入整体建筑风格，把建筑中每个设施的内饰风格纳入其中，考虑整体的协调。

图 3-28　顶棚足够高的车站中央大厅

图 3-29　复合商业设施的挑空

参考文献

[1] インテリアデザイン教科書研究会,《インテリアデザイン教科書》,彰国社, 1993.

[2] 小宮容一、片山勢津子、ペ リー史子、加藤力、塚口眞佐子、西山紀子,《図解テキスト　インテリアデザイン》,井上書院, 2009.

[3] 日本建築会,《建築設計資料集成 3 　単位空間》,丸善, 1980.

[4] 尾上孝一、小宮容一、妹尾衣子、安達英俊,《完全図解　インテリアコーディネートテキスト》,井上書院, 1995.

[5] 小原二郎、加藤力、安藤正雄,《インテリアの計画と設計　第二版》,彰国社, 2000.

[6] Willy Boesiger, *Le Corbusier Oeuvre complete Volume*5, Birkhauser Publishers, 1995.

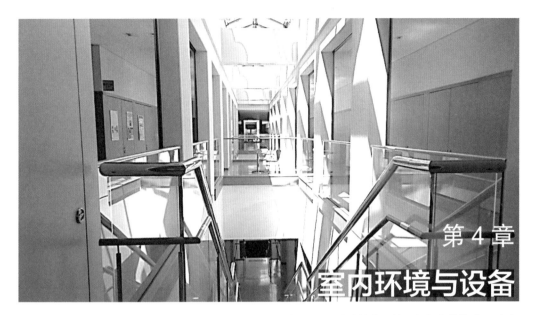

第 4 章

室内环境与设备

提到室内设计规划，人们容易被色彩规划、成品的质感、具有设计感的家具等可视部分的美感吸引，但其实容易被忽视的室内环境直接与舒适度相关。

第 1 节　热环境

在炎热或寒冷的室内环境中，就算室内设计再美观，也无法舒适地生活。所以需要考虑如何打造舒适的热环境。

1. 导热方式（传导、对流、辐射）

室内空间中感受冷热主要受到四个要素的影响：温度、湿度、气流和辐射。另外，由于人的体温差、穿衣量、活动内容不同，感受也会发生变化。如果室内空间的设计者理解热量的流动方式，能设计出完备的热环境，空间环境就可以变得更加舒适。

热量会从高向低流动。热量的移动方式有三种，通过物体流动的方式为"传导"，通过空气、物体等流动物质而移动的方式为"对流"，在相互分离的物体之间传递的移动方式为"辐射"。

2. 导热系数

表示热量在单个物质中的传导能力的数值称为"导热系数"，单位是 W/（m·K）。因为室内空间的墙壁和地板等物质

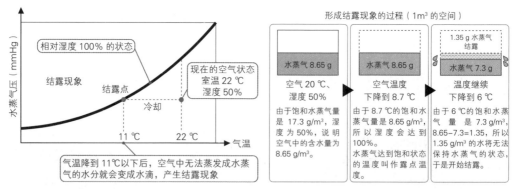

图 4-1 简略空气线图　　　图 4-2　结露的原理

由几种材料复合而成,所以无法凭借单个物质的导热系数来判断构成空间的墙壁和地板的导热能力。于是,墙壁和地板这样复合而成的物体,会使用"传热系数"来表示导热能力,单位是 W/(m^2·K)。传热系数是表示材料导热能力的数值,就算使用了复合材料,只要知道材料的成分就能够计算。

> 1 m 厚的材料,两侧表面温差为 1℃。每平方米材料传导的热量与材料厚度、两侧温差成比例。

> 热流率可以显示地板、墙壁、窗等材料的保温性能,并能计算出单位温差下不同材料的厚度和面积。

第 2 节　室内环境

通过上一节提到的温度、湿度、气流、辐射四个因素,可以调整室内环境中的热环境,提高舒适性。

1. 湿度与结露

日本的气候夏季高温多湿,冬季干燥,所以为了提高室内的舒适性,控制湿度很重要。

湿度是显示空气中水蒸气含量的指标,分为相对湿度和绝对湿度两种。相对湿度是指测定地点空气中的水分含量与干燥的空气中所能包含的最大水量(饱和蒸气压)的比例,绝对湿度是指 1 kg 空气中含有水分的重量(图 4–1)。因为人体感受到的湿度接近于相对湿度,所以一般会使用相对湿度的数值。

含有水分的空气急速冷却,饱和蒸气压就会下降,空气中的水分会变成水滴,这种现象叫作"结露"(图 4–2)。由于饱和蒸气压的下降与空气温度的下降成正比,所以如果气温下降,就会容易结露。结露会引起生霉和腐败,必须采取措施,提高

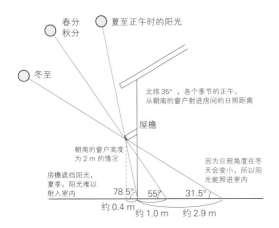

春分
秋分

夏至正午时的阳光

冬至

北纬 35°，各个季节的正午，
从朝南的窗户射进房间的日照距离

屋檐

朝南的窗户高度
为 2 m 的情况

因为日照角度在冬
天会变小，所以阳
光能照进室内

房檐遮挡阳光，
夏季，阳光难以
射入室内

78.5°　　55°　　31.5°

约 0.4 m　约 1.0 m　约 2.9 m

图 4-3　用房檐等控制日照量

隔热性和气密性,避免室内温度突然下降。比如在室内铺设防潮
垫,避免结露损坏建筑结构,避免室内的水蒸气渗入结构材料。

2. 隔热、气密、日照(采光)、热容、有效温度

要想控制室内的热环境,有多种方法。

·**隔热**:降低包围室内空间的墙壁、地板和天花板的热流
率,让热量难以从内部流失,就能更好地保持室内温度。

·**气密**:为了尽量减少随着空气流动、从出入口等缝隙流
失的热量,可以提高墙壁、地板和天花板的气密性,隔绝从缝隙
吹进来的风。

·**日照**:日照是从外部进入的热量,对室内的热环境影响
很大。夏天,利用房檐和百叶窗等遮挡阳光;冬天,调整房檐的
角度,让阳光容易射入,通过这些手法,能有效利用日照的热量
来控制空间热环境(图 4–3)。通过控制日照,也能同时控制
室内的采光。

·**材料的热容**:让物质温度上升的必要热量叫作热容。像
混凝土一样难以升温降温的材料热容大,热容大的材料温度
一旦上升,再想下降就要花很长时间,因此可以达到储存热量
的功能。如果用混凝土等热容大的材料作为地面,冬天就能让
地面在白天接受日照,到了晚上慢慢散热,起到保持室内温度
的作用。为了创造舒适的室内热环境,必须理解人的温度感

> 气密性:需要了解单位时
> 间单位面积内的空气渗透量。
> JIS 中有针对窗扇等气密性等
> 级的相关规定。

> 热容:1kg 均相物质温度
> 升高 1K 所需的热量,单位是
> J/K。

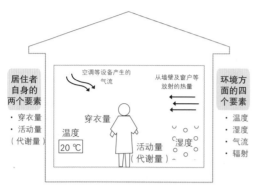

图 4-4 影响温度感觉的六个要素

觉,而感觉会随着周围的热环境而改变。夏天湿度升高时,人在同样的温度下会感觉更热,即使湿度再高,有气流时依然会感觉凉爽。

· **有效温度、新有效温度**:有效温度和新有效温度是比较人的温度感觉的指标。有效温度由温度、湿度和风速决定,新有效温度为了表示更详细而增加了项目,是通过温度、湿度、气流、辐射、人的活动量(代谢量)和穿衣量计算出的指标(图4-4)。这些项目就是影响温度感觉的六个要素。

3. 换气与通风

暖气、吸烟,加上人体排出的二氧化碳,室内的空气会随着时间的流逝受到污染。为了清洁室内空气,保证空气流通的"换气"是必须的。换气有"**自然换气**"和"**机器换气**"两种。自然换气是指开窗,机器换气是指利用换气扇等机器强行换气(第54页图4-11)。

"通风"是指利用换气,让风吹进室内。开窗时,自然会有风吹过,所以要掌握室外的风速和风向,更有效地布置窗户的位置。【本章第5节"换气"】

第 3 节　声环境

室内环境的好坏同样受到声环境的影响。

声音指的是通过在固体、液体、气体中振动传播,能被人耳感知到的波动现象。

1. 声音的传播方式（入射、反射、吸收、透射）

声音会从各种角度射入墙壁等物质，其中一部分会被物质表面反射回来。当声音撞到坚硬的物体时会更容易反射。根据碰撞的物质不同，声音可能会被物质吸收，也可能会穿透物质（图 4–5）。声音通过振动建筑墙壁等物质传递的现象被称为固体传声，通过混凝土墙壁，声音可以传递到相隔的房间。

2. 声音的强弱、高低、音色

声音有三种属性：音强、音调、音色。

一般会使用分贝（dB）作为声音的强度单位。人能感受到的声音的强度（大小）并不与声音拥有的能量成正比，而是与能量的对数成正比。另外，声音的强度与声源距离的平方成反比。

音调可以用 1 秒钟的振动次数（频率）来度量，单位是赫（Hz）。人耳能听到 20~20000Hz 范围内的声音，音程每提高八度，频率就会翻倍。

同样大小和同样高度的声音也会给人留下不同的印象。人耳所能感受到的声音区别就是音色。

3. 隔声、吸声、回声

通过隔绝的方式降低声音强度的现象称为隔声，由于墙壁等物质的吸收导致声音强度降低的现象称为吸声（图 4–6）。要想让室内保持舒适的声音环境，必须提高墙壁等物质的隔声性来隔绝声音。混凝土等材质在无缝的情况下隔声性强，但是如果是老房子，就会出现缝隙，隔声性会降低，较容易听到隔壁人家的声音。集合住宅中，为了避免上层声音传到下层，必须提高地板材料的隔声性。隔声性的指标用 L 来表示（表4–1）。

将容易反射声音的材料贴在墙壁和天花板上，人的声音等

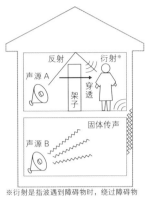

※衍射是指波遇到障碍物时，绕过障碍物传播的现象。

图 4-5　声音传导方式

$NdB = 10 \lg$

声音的强度（dB）$= 10\lg$
基准值 I_0 是人类能听到的最小值 10^{-12}W/m^2。

就算是同样强度、同样高度的声音，只要声音的波形不同，就能给人留下不同的印象。不同乐器能给人留下不同的印象也是因为声音波形不同，声音的这种差异叫作音色。

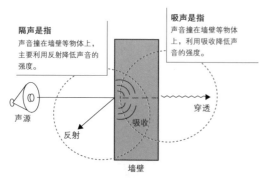

隔声是指
声音撞在墙壁等物体上，主要利用反射降低声音的强度。

吸声是指
声音撞在墙壁等物体上，利用吸收降低声音的强度。

图 4-6　隔声与吸声（ 参考文献 1 ）

天花板和墙壁如果使用容易反射声音的材料，就会由于反射声导致难以听清声音

反射声听起来会重叠在直达声上

图 4-7　声音的传播方式与室内

表 4-1　材料与声音（ 地板的隔声等级 ）

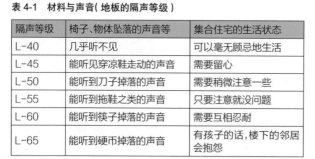

隔声等级	椅子、物体坠落的声音等	集合住宅的生活状态
L-40	几乎听不见	可以毫无顾忌地生活
L-45	能听见穿凉鞋走动的声音	需要留心
L-50	能听到刀子掉落的声音	需要稍微注意一些
L-55	能听到拖鞋之类的声音	只要注意就没问题
L-60	能听到筷子掉落的声音	需要互相忍耐
L-65	能听到硬片掉落的声音	有孩子的话，楼下的邻居会抱怨

注：集合住宅中，隔声性必须达到 L-60 以上，一般规定是 L-45。

就会因为与反射声重叠而难以听清（ 图 4-7 ）。在学校教室和会议室等需要清楚地听到人声的空间中，会考虑吸收反射声的需求，使用吸声板等吸声性能高的材料来进行装修。

　　相反，像音乐厅这样享受音乐的场所，则必须根据需要制造适当的反射声。通过室内装修材料反射的声音形成连续的"回响"。从室内停止发出声音开始，到声音的强度降到 60 dB 以下的这段时间称为"回响时间"。普通房间的回响时间在 0.5 秒左右，欣赏室内乐的空间为 1~1.5 s，欣赏教堂音乐的"回响时间"则最好保持在 1.5~2 s。

隔声是指用某种物质挡住从外界传来的声音，吸声是指声音引起的空气振动撞在墙壁等材料上之后失去能量，声音减弱。尽管方法不同，不过二者都可以减弱声音。

因为音乐厅中设置了适当的回响时间，所以听音乐会时可以享受到声音的余韵。

4. 噪声

　　生活中，会令人感到不快的声音叫作"噪声"。噪声的大小用 dB（ A ）来表示，是在"dB"上配合人类的听觉进行计权后的结果。住宅区允许出现的噪声水平在 35~40dB（ A ），超

表 4-2 室内容许噪声等级

dB(A)	20	25	30	35	40	45	50	55	60	80	100	120
吵人程度	无声感		非常安静		安静		感觉有噪声		无法忽视噪声			
对交流、看电影的影响程度等	非常安静		·能听见5 m外的声音 ·安静		·可以相隔10 m进行交流 ·不会影响打电话 ·安静		·普通对话（3 m以内） ·可以打电话 ·普通		·大声对话（3 m） ·打电话会有些困难 ·普通	吵	非常吵	对听力功能有伤害
噪声例子	树叶摩擦声		·深夜的郊外 ·低语声		·深夜的市内 ·图书馆内 ·白天的安静住宅区		·安静的办公室 ·风吹过树叶的声音		普通说话的声音	地铁里	·汽车警笛 ·铁路地道桥下	飞机引擎靠近
工作室	无声室	广播室	录音室	电视摄影棚	主控室	普通办公室						
聚会、礼堂		音乐厅	剧场(中)	舞台剧场		电影院、天文馆		礼堂、大厅				
医院		听力测试室	特殊病房	手术室、医院	诊室	检查室	候诊室					
住宅				书房	卧室							
酒店					客房	宴会厅	大堂					
普通办公室			高管办公室、大会议室	接待室		小会议室	普通办公室		机房			
公共建筑				公会堂	美术馆、博物馆	图书阅览室	体育馆	户外运动设施				
学校、教堂				音乐教室	礼堂、礼拜堂	研究室、普通教室		走廊				
商业建筑					音乐咖啡厅、书店、珠宝店、美术用品店	普通商店、银行、饭店、食堂						

（参考文献2，进行了一部分删改加工）

过这个范围，人就会感觉有噪声。作为参考标准，普通对话的声音强度为50~60 dB（A），列车内为80 dB（A），铁路地道桥下为100 dB（A）（表4-2）。

第 4 节　给水排水

为了打造舒适的室内环境，设备承担着重要作用。其中，水是人们生活中不可或缺的部分。设计师必须了解如何给建筑供水、如何排放污水。

1. 给水的种类

上下水管道设备齐全的建筑，会通过上水管道给建筑内部供水。因此，建筑的规模和形状不同，给水方式也有所不同（图4-8）。低层建筑大多会使用直接从上水管道引水的"自

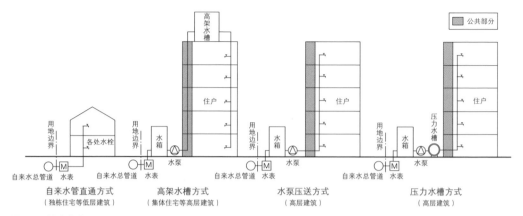

图 4-8　给水方式

来水管直通方式"。给集合住宅等高层建筑供水时,如果使用直接引水的方式,则高层会由于水压不足而无法出水,因此会使用"高架水槽方式",用水泵将水压送到建筑物的楼顶,然后利用重力送到各层,或者使用加压水泵向高层压送水的"水泵压送方式"与"压力水槽方式"。

2. 水质管理

　　水质管理由各地区的水务部门负责。管理建筑物内的水质时,由于给水排水管的接续方式不同,要注意避免给水管中混入排水,或者水溢出后造成排水逆流的情况。另外,如果给水压力过高,则会在开关水栓时出现冲击,引起水锤现象,损坏水管,所以调整给水压力也很重要。

3. 供热水

　　用热水器等设备将给水管中的水加热,用热水管道输送必要的温水,这个过程叫作"供热水"。在使用热水的地方直接加热供给的方式是"区域性热水供应方式",用大规模的锅炉等设备将水烧热,再将热水送往需要的场所,这种方式叫作"集中热水供应方式"(表4-3)。

　　热水器分为"瞬间式"和"储水式",前者在需要时烧热一定量的水,后者用水箱将热水储存起来供给。除此之外,还有使用其他各种系统的热水器,比如使用了燃料电池技术的热

表 4-3　热水供应方式

设置场所	锅炉种类	特点	能量
局部式 （各处设置锅炉）	瞬间式锅炉	用较小型的锅炉给普通用户等小范围供水	燃气热水器 ※
	储水式锅炉	根据储水槽的大小，可以做到大量供应热水。需要有足够的空间设置储水槽	电储水槽
中央式 （在同一处统一设置）	酒店等大规模建筑中，可以集中烧制热水，为建筑整体或者包含多个房间的区域统一供给		燃气式、电力式等

※ 燃气式瞬间式锅炉的热水供应能力用号数来表示。

　·1 号是指在 1 min 内将 1L 水加热 25℃ 的能力。耗费的能量相当于 104.65 kJ/min，或者 6279 kJ/h。

　·普通住宅需要为 3 处同时供应热水时，至少需要 24 号以上的能力。

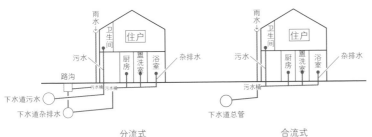

图 4-9　排水方式

雨　水：屋顶、雨水管、外部等处的雨水
杂排水：盥洗室、浴室、厨房等排出的水
污　水：卫生间的排水

电联合系统，发电原理是让氢氧产生化学反应产生电力，还有热泵系统热水器，使用了空调等设备中用到的**热泵系统**。

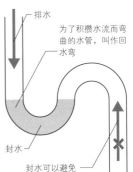

为了积攒水流而弯曲的水管，叫作回水弯

封水可以避免污水中的臭气和虫子等进入住宅内

4. 排水的种类

　　排水分"污水""杂排水"和"雨水"三类进行。"污水"是指马桶中流出的含有排泄物的水；"杂排水"是指厨房、洗脸池、洗衣机、浴室等地方排出的水；"雨水"是指雨水或地下水。排水会流入公共下水道，不过有些地区会使用污水和杂排水汇合的"合流式"，有些地区会使用将污水、杂排水与雨水分开的"分流式"（图 4-9），具体情况要咨询当地相关部门。

　　排水管在水流空后会形成空洞，为了避免虫子和臭气等通过排水口进入室内，一定要安装回水管（图 4-10）。回水管能保证管道中部始终会有积水部分（封水），让虫子和臭气无法到达排水口。另外，在水排出后，有可能出现排水管中形成负压，导致回水管内的封水排出的现象。为了避免排水管内形成负压，需要安装通气管来调节空气。

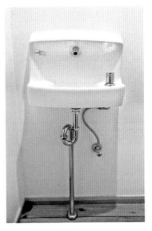

图 4-10　回水弯

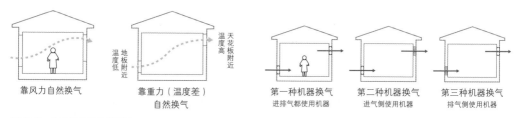

图 4-11　自然换气和机器换气

　　有些地区没有下水道设备,必须在用地内对污水和杂排水进行净化处理,清除有害物质后再排水。这时需要设置**净化槽**。只处理污水的方式叫作"单独处理方式",连同杂排水共同处理的方式叫作"合并处理方式"。

第5节　换气

　　吸收室外空气,排出室内空气,这种替换室内空气的过程叫作换气。在建筑内部装有灶具、暖炉等燃烧器具时,或者气密性高时,有必要安装性能优良的换气设备。

1. 换气的种类

　　换气分为"自然换气"和"机器换气"两种。"机器换气"又分为进气排气都使用机器强制通风的"第一种机器换气",只有进气侧使用机器的"第二种机器换气",以及只有排气侧使用机器的"第三种机器换气"(图 4-11)。第一种方式便于控制室内换气,不过设备费用高昂。第二种方式可以阻止粉尘等从室外进入,因此常用在医院手术室等地方。住所的厨房、卫生间、卧室等地适合使用第三种方式进行强制排气,避免气味传到其他房间。

> 　　住宅有必要进行 24 小时换气。为了尽早将住宅中的污浊空气排出室外,卧室和厨房、卫生间等大多使用通过机器强制排气的第三种换气。

第6节　供暖制冷设备

　　机械化控制室内温湿度的机器是供暖制冷设备,这些设备的运转有多种方式。

空调等

对流

通过加热或冷却空气产生对流，从而调节室内温度。可以把整个房间当作供暖制冷设备，比如空调和暖风机等。

暖气片等

辐射

用电磁波的形式传导热量的器具，散热片式暖气、散热片式辐射冷气机等。

电地暖或燃气地暖、电热毯等

传导

相互接触的物体温度会从温度高的地方向温度低的地方移动，利用这种性质制造的设备，有电地暖或燃气地暖、电热毯等。

图 4-12　供暖制冷方式

1. 供暖制冷的方式

　　暖气设备分为单体式暖气和中央式暖气。在室内需要的地方直接发热的暖风机、暖炉等属于**单体式暖气**。在设备间等地安装发热装置，通过加热后的空气和水等将热量供应给各个房间的方式属于**中央式暖气**。

　　另外，通过空气对流取暖的方式叫作**对流供暖**，除此之外，还有暖气片这样通过辐射取暖的辐射供暖。地暖属于直接接触传导型暖气（图 4-12）。

　　制冷设备大多不会单独设置，而是和暖气共同设置。中央式制冷设备会在设备间中制冷，将冷却的空气、水、冷媒等通过管道供应给各个房间。也可以像家用空调那样分别安装室外机和室内机，在各个房间分别控制温度。

2. 供暖制冷的负荷

　　设置供暖制冷设备时，为了测定性能，有冷气负荷、暖气负荷这两种指标。室内热量容易从墙壁、窗户、缝隙等地流失，设备的负荷较大。隔热性和气密性高的房间中，设备负荷较小，即使供暖制冷设备的性能不强，也能保证舒适性。而一旦负荷增大，就要通过提高供暖制冷设备的性能来实现舒适性。

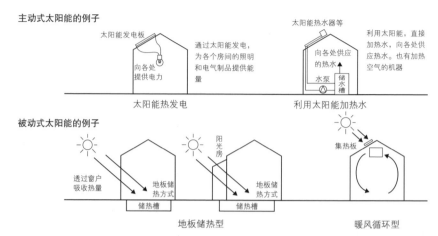

图 4-13　太阳能系统

3. 被动式太阳能、主动式太阳能

利用太阳能取暖的供暖设备有被动式太阳能系统、主动式太阳能系统（图 4-13）。被动式太阳能是指不使用机器，在太阳照射的部分使用热容量高的材料储存热量，主动式太阳能是指使用机器收集太阳能并且利用太阳能热量。

有时也会从节能、环保、降低成本的角度出发，使用被动式太阳能系统。

不使用机器，自然接受太阳能的系统是被动式太阳能系统，积极使用机器收集能源的系统是主动式太阳能系统。

第 7 节　电力设备

电力是调整室内环境时不可或缺的能源。身边有很多与电相关的设备，有必要掌握其基本知识。

1. 电的种类

电分为直流和交流两种。像干电池那样通过施加一定的电压来决定电流方向的电是直流电，电压大小和流动方向以固定的周期发生改变的电是交流电。建筑及建筑群用电是交流电，东日本的供应频率为 50Hz，西日本为 60Hz。使用家用电器时，必须根据所在区域确定频率是否相符。

不同国家的电压不同，因此在一些国家使用日本制的电器时，必须使用转换器。

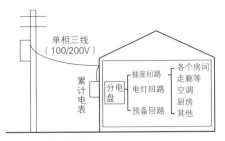

图 4-14　住宅的供电

2. 电力供给

电由电力公司供给,所以要与电力公司缔结合同,确定供电方式和容量。普通家庭使用的供给方式有 100V 的机器专用的"单相两线式"、供空调和电磁炉等 200V 的机器使用的"单相三线式",现在,单相三线式已经成为主流。医院和工厂等大规模建筑中,也会使用三相三线式的供给方式,能够应对大规模的电力使用(图 4-14)。提供的电力通过分电盘,以电线传递给建筑的各个部分。

3. 开关、插座

为了方便大家用电,建筑中的各个地方都装有开关和插座。

开关的设置是为了简单地进行电力的打开和关闭状态切换。

除了单纯切换"ON/OFF"的开关之外,像楼梯和走廊等处还设有可以在两个地方调节灯光的三路开关,或者可以在三个地方调节灯光进行控制的四路开关。除此之外还有多种开关,比如在黑暗时也能找到的、带小指示灯的夜灯开关,对人的动作产生反应而开灯、装有人体传感器的开关,光线变暗后会自动开灯的光感开关。

插座一般是 100V15A 的平板式,不过根据电流、电压的不同,是否有地线等区别可以分为好几种。微波炉、空调、洗衣机等为防止因水导电需要带地线的插座,天花板上的灯具需要有防脱落功能的插座,可以打开地板使用的地面插座,以及在室外使用的防水插座等,一定要根据用途和地点区分使用。

表 4-4　住宅照度标准

等级	必要照度	生活行为
精密视觉作业	1000~2000lx	手工、裁缝、缝纫机
稍微精密的视觉作业 普通视觉作业	500~1000lx	制图、学习、读书
普通视觉作业 稍微简单的视觉作业	250~500lx	做饭、化妆、洗脸、打扫
简单视觉作业 整个房间	30~250lx	玄关、房间、接待室、洗手间、楼梯、走廊等所有房间

注:参考住宅照度标准 JIS Z9110: 2010 及灯具厂家的技术标准
等。

表 4-5　灯泡的显色指数

灯泡种类	平均显色指数(R_a)
灯泡(迷你氪灯泡、反射灯泡等)	100
卤素灯泡(迷你卤素灯泡、碘钨灯等)	100
荧光灯(普通)	60~84
荧光灯(高显色性)	90~99
灯泡型荧光灯	84~88
金属卤化物灯	70~96
高压钠灯	25~85
水银灯	14~50
LED	70~96

注:平均显色指数 R_a 的数值只是参考值。不同厂
家和产品会有差别。

4. 照明

　　照明创造出的光影在很大程度上影响着室内空间的氛围。
照明规划要理解光源的照度、色温、显色性差异,进行有效配
置,展现出不同的空间氛围。

　　"照度"是单位面积上所接受可见的光通量。空间的利用
方式不同,需要的照度标准不同。可通过安排单个或多个照明
器具,确保空间所要求的照度(表 4–4)。

　　"色温"是指光源的颜色差别,单位是开尔文(K)。随着
色温从低变高,光的颜色会由红到白,然后渐渐带上蓝色。低
色温能营造出温暖的空间,高色温则给人留下冰冷的印象(图
4–15)。

　　"显色性"是显示不同性质的光源而产生视觉性不同的指
标。在偏蓝的光源下,红色会发黑,看起来不够美观。若凭借
光源,光照下物体的颜色呈现得更美,则这样的光源就是显色
性好的光源(表 4–5)。

　　灯作为照明工具种类繁多,主要有荧光灯、高亮度放电灯、
LED 灯等。最近多使用 LED 灯,因为它节能并且寿命较长。

　　照明工具种类繁多,需要根据空间的用途区分使用。安装
在天花板上的顶灯,照亮部分区域的聚光灯,埋在天花板中的
射灯,从天花板吊下的吊灯,安装在墙上的壁灯,放在地板上使

光通量
　　在单位时间到达、离开或通
过曲面的光强度,单位为流明
(lm)。

　　LED 灯一直被认为显色
性差,不过最近出现了 R_a 超过
90 的产品,不仅节能,还具备
优秀的显色性,正在逐渐成为
照明的主流。

以阳光下看到的物体颜色为基准,光源对颜色的重现性被称为"**显色性**"。与阳光下呈现的物体颜色相近的照明灯就是显色性好的灯。平均显色指数 R_a 表示的是 8 种不同饱和度与亮度的色卡在灯光下与阳光下的色差的平均值。除此之外,还有特殊显色指数 R_i,表示的是 7 种色卡各自的色差。一般来说,平均显色指数 R_a 超过 80,就可以说显色性好。

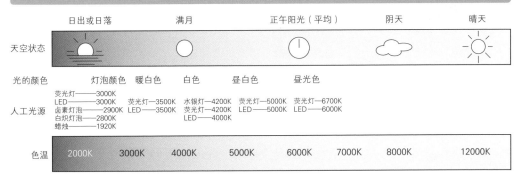

图 4-15　色温

用的落地灯等,安装方式、形状、设计都多种多样。另外,墙壁与天花板等作为建筑内装材料的一部分,与建筑融为一体的照明称为"建筑化照明",包括柔和地打在墙壁和天花板上的檐口灯、檐板照明和照亮整个天花板的发光顶棚等。

> **参照**:照明器具的种类、建筑化照明【→第 8 章第 1 节"照明工具"】

5. 家电、家用电梯

室内空间规划设计中,家电产品的选择和布置同样重要。如今电视机也逐渐走向轻薄化、大型化,对室内设计有很大影响。有时要满足客户的期望,采用家庭影院或者设置音响,在这种情况下,装修材料就必须具备吸声性。现在出现了由智能手机控制的家电。

在生活家电中,冰箱、洗衣机等除了要注重设计性和节能性,还要将其视为室内设计的重要元素之一。除此之外,调节湿度的除湿器和加湿器,厨房里的电饭锅、家用烤箱、微波炉等配置,也要在室内空间中提前做好规划(图 4–16)。

3 到 4 层的住宅,需要设置家用电梯。按照规定,家用电梯最多 4 层,升降的长度在 10 m 以下,定员不超过 3 人。设置家用电梯和建房子一样,要提交确认申请,并且为了确保安全性,还要定期进行保守检查,有维护管理方面的花销。不过从无障碍设施的角度出发,有必要考虑安装。

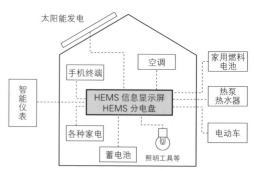

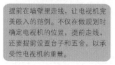

提前在墙壁里走线,让电视机完
美嵌入的范例。不仅在做规划时
确定电视机的位置,提前走线,
还要提前设置台子和五金,以承
受性电视机的重量。

对讲机的显示屏、房间的照明开关、
燃气热水器的遥控器、空调开关都集
中在一处的范例。安排位置时要考虑
便捷性和整洁度。

以 HEMS 信息显示屏和分电盘为中心,掌握住宅中的照明、空调、家电制品
等各个终端的能量使用情况,让能量使用情况可视化。
通过可视化的方法,可以让使用者意识到能量消耗,达到节能效果。

HEMS: Home Energy Management System

图 4-16 家电制品和室内设计(大阪燃气实验集合住宅 NEXT21)

图 4-17 HEMS(参考文献 3 等)

6. 信息设备机器、家庭能源管理系统

随着互联网、智能手机的发展,住宅中使用的信息设备机器和相关机器逐渐增加。

以电话设备为首,住宅中设置的信息设备机器包括对讲机设备、家用安保设备、防盗摄像头、紧急通报设备等,可将这些设备连接在一起,构建住宅内部的信息系统。

另外,为了节能,可以构建被称为 HEMS(家庭能源管理系统),将能耗情况可视化(图 4-17)。

> HEMS主要用于住宅。此外还有BEMS(楼宇能源管理系统,Building Energy Management System)

第8节 用水设备

室内空间中的用水设备多种多样,本节将简单总结住宅中的用水设备。

1. 厨房

在用水设备中,厨房是使用频率最高、效率要求最高的地方。在进行厨房布局时,要掌握基本作业的动线,让烹饪高效进行。另外,厨房与餐厅的位置关系,采用开放式还是封闭式,这些条件在讨论操作台和出入口的配置形状时都要考虑(图 4-18)。

厨房中,有各种的烹饪器具、餐具、食材等需要收纳的物

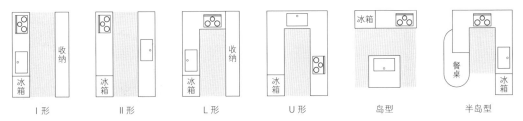

图 4-18　厨房布局

品。如果能做好收纳规划，就能提高厨房的工作效率。

厨房分为水槽、操作台等单品并排摆放的类型，以及将这些单品集中在一个台面上的**系统厨房**。大部分情况下，厨房用品厂家会将必需品组合起来统一安装，不过也有可以根据客户的需求自由设计的定制厨房。

在厨房中安装的设备，主要有水槽、灶具、烤箱、洗碗机等。灶具有用火烹饪的燃气式，用电作为热源的电磁炉（IH、合金加热炉、辐射加热炉等），需要从使用时的便利性和安全性的角度进行选择。使用燃气式灶具时，厨房会靠近火源，要注意法律上对装修材料的不易燃性、机器换气性能等的规定。

2. 浴室

在日本，浴缸分为日式、西式、日西折中式。现在大多会使用兼具日式和西式优点的日西折中式（图 4-19）。按照浴缸的固定方式分类，有嵌入式、半嵌入式和放置式。为了提高施工效率，很多时候会采用**整体浴室**。浴缸的材料除了人造大理石、聚酯、不锈钢、珐琅之外，还有柏木、日本花柏等木材，要确认耐久性、设计、保温性等性能后再做出选择。

浴室内还可以选择设置浴室取暖干燥机、桑拿功能等。浴室取暖干燥机可以有效防止发霉。

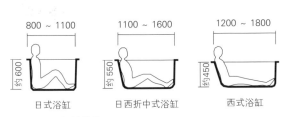

图 4-19　浴缸的种类

台下式

洗脸池嵌入台面的类型

立柱式

洗脸池单独设置的类型

台上式

洗脸池放在台面上的类型

图 4-20　洗脸池的种类（ 出自 LIXIL 产品目录 ）

日式蹲便器　　小便池　　带水箱的　　不带水箱的
　　　　　　　　　　　　　马桶　　　　马桶

具有代表性的卫生间的种类。重要的是根据住宅、公共设施等不同用途进行选择。

图 4-21　卫生间的种类（ 出自 LIXIL 产品目录 ）

3. 盥洗室、卫生间

　　盥洗室大多情况下会与浴室的更衣室融为一体。洗脸池的种类有台下式和立柱式等，设计感强的台上式近几年也很受欢迎（ 图 4-20 ）。洗脸池可以定制，将镜子和收纳功能融为一体的洗脸化妆台产品种类繁多，可根据喜好进行选择。如果盥洗室中还有多余的空间，可以设置洗衣机的防水板、用来清洗抹布和鞋子的污水盆等。

　　现在，卫生间以西式马桶为主，其给水方式分为水箱式和冲洗阀式。还有带加热功能的马桶垫、带冲洗功能的马桶等产品。最近也出现了带自动开合马桶盖和自动洗净功能的产品（ 图 4-21、图 4-22 ）。

参考文献

[1] 小宮容一、片山勢津子、ペ リー史子、加藤力、塚口眞佐子、西山紀子，《図解テキスト　インテリアデザイン》，井上書院，2009.
[2] 日本建築会，《建築設計資料集成 1　環境》，丸善，1978.
[3] パナソニックウェブサイト「HEMS とは?」

直冲式

使用安装在各个马桶上的水箱里储存的水冲洗

冲洗阀式

自动冲洗
手动式
通过操纵阀门，可以控制水量和冲洗时间

图 4-22　马桶的冲水种类（ 出自 LIXIL 产品目录 ）

第 5 章

友好宜居的室内设计

为方便更多人使用,消除使用障碍的做法被称为"无障碍"。而包括高龄者、残障人士等弱势群体在内,以方便所有人群为目标则是通用化设计的出发点。进行室内设计时,一定要为使用者着想。

第 1 节　无障碍与通用化设计

社会上普遍为了方便健康的人们生活而花费很多心思。这些规划并不一定给所有人都带来便利,一些对健康的人来说无关紧要的事情,也许会成为阻碍弱势人群行动的障碍。消除这些障碍,方便所有人使用,让包括弱势人群在内的人们能更便利地在社会上生活非常重要(图 5–1)。

1. 无障碍

无障碍的意思是消除障碍。对坐轮椅的高龄者和残障人士来说,稍高一些的台阶就会成为障碍。无障碍的思路就是要除去障碍,方便更多人使用。无障碍很容易被理解为去除台阶,其实,降低斜坡的坡度、在必要处安装扶手、将平开门换成推拉门之类的措施同样是无障碍设计。

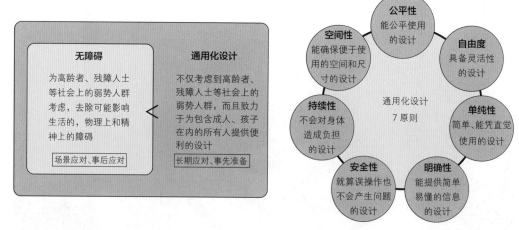

图 5-1 无障碍与通用化设计　　　　图 5-2 通用化设计 7 原则(罗纳德·梅斯提出)

2. 通用化设计

通用化设计是建筑师兼设计师罗纳德·梅斯(Ronald L. Mace)博士于 1985 年提出的概念。通用化设计的思路比无障碍更进一步,目的是为所有人提供便利,无论身体是否有残疾,男女老少都能方便地使用的设计。

通用化设计提倡 7 项原则(图 5-2)。事实上,要全部满足所有 7 项原则的设计十分困难,可以说几乎不可能,不过设计时依然要随时谨记以上原则。

第 2 节　住宅设计

按照无障碍和通用化设计的思路,实现友好宜居的室内设计时,要考虑几个重点。下面以住宅为例列出相关内容。

1. 规划重点

在住宅中加入无障碍和通用化设计时,虽是为了方便所有人使用,但容易导致功能过剩。以有高龄者居住的房间为例,其实只需尽量让高龄者的生活区域保持在同一楼层,并且布置在相邻的位置,就能减轻高龄者在日常生活中的移动负担。这种设计也可以说是无障碍设计。

前台左侧的高度，患者可以站着倚靠

前台内侧的高度，工作人员可以坐着接待患者

前台右侧的高度较低适合接待，坐轮椅的患者腿部空间向内缩入

图 5-3　通用化设计案例（诊所前台）

图 5-4　在阳台的出入口铺上木板，消除高度差

图 5-5　客厅与和室的高度差

不仅是高龄者，就算现阶段身体健全的人，也有可能出现身体有障碍的情况。规划住宅时，要考虑到住户将来会变老、受伤、生病，要保证他们在这些情况下也能方便地居住，能够经过简单的改装应对个别情况，这就是通用化设计的思路（图5-3、图5-4）。

2. 住宅内的高度差

住宅内部可能会出现各种高度差。彻底消除高度差是一种设计方法，不过有时消除高度差反而会导致使用不便。在西式房间中有和室区域的时候，虽然可以让和室的高度与西式房间齐平，不过有时制造出可以坐着出入的高度差反而更便于移动（图5-5）。需要高度差的地方，为使高度差更醒目，可以配备照明器具（图5-6）。在浴室入口处，比起完全消除高度差，更适合留下高度差来保证排水功能，或者利用矮台弱化高度差。

另外，在住宅内的各个地方安装扶手，或者为将来安装扶手留出位置同样重要。楼梯、走廊、浴室、卫生间等地如果安装了扶手，使用会更加便利。

为了让楼梯的高度差更明显，在楼梯设置照明的案例

图 5-6　住宅楼梯的高度差

3. 设备设计

盥洗室、厨房的水阀可以使用冷热混水龙头，或者选择可以自动调节温度的恒温阀。插座要安在方便插拔的高度，为了

图 5-7　简单易懂,能凭直觉理解的设计

图 5-8　挑空方便于确认自己的位置

孩子和坐轮椅的人也能够到,开关设置在稍微低的高度使用更加便利。

　　烹饪器具等需要用火的设备要安装防过热装置或者能中途熄灭的安全装置等,使用 IH 电磁炉也是一种考虑到安全性的方法。

　　依据通用化设计的思路,调节房屋之间的温度环境同样重要。合理配置冷暖气设备,确保住宅的隔热,确保不同房间之间没有剧烈的温度变化,消除危害高龄者身体健康的风险,可以让住户在不同房间中舒适地生活。

第 3 节　公共设施设计

　　在不固定且多人使用的公共设施设计规划中,要比住宅更注重遵循无障碍设施和通用化设计的思路。

1. 规划的方法

　　普通人不会每天都使用公共设施,只会在需要时前往。

　　因为人们每天都生活在自己居住的地方,所以就算有一些台阶也会习惯。不过在公共设施的设计中,要遵循一个基本原则,那就是让初次利用的人也能凭直觉放心地使用(图 5-7)。要用心设计,让使用者能凭借单纯的直觉实现在设施之间的移动(图 5-8)。

图 5-9　平缓的楼梯和斜坡　　　　　　图 5-10　简明且醒目的指示牌

2. 楼梯、走廊、斜坡

车站和交通设施以移动为目的,站台间的移动、火车和公交的换乘等都要顺畅地进行。在设计这些公共设施时需要花费心思的地方会很多,比如设置扶梯和直梯,道路宽度要保证轮椅也能轻松通过,设置让坐轮椅的人能自己操纵轮椅通过的缓坡(图 5-9)。

3. 标志

设计公共设施的指示牌、标志、标识等时,要注意简单易懂,让人能凭直觉理解(图 5-10)。

应指示牌辅助引导人们去往目的地,采用醒目的设计,而且内容要简单易懂,即使建筑的平面规划有些复杂,使用者也能轻松到达目的地。

第 4 节　家具、设备、产品设计

很多家具和产品也能反映出通用化设计的思路。

1. 家具设计

办公室和医院前台等地方,会设计两种以上的高度(第 65 页图 5-3)。无论是正常人还是坐轮椅的人,都能方便地倚靠,这样的设计也可以被称为通用化设计。

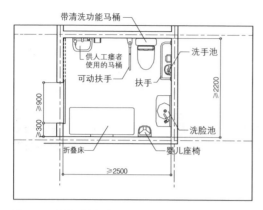

图 5-11　公共设施多功能卫生间的案例

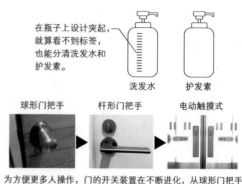

在瓶子上设计突起，就算看不到标签，也能分清洗发水和护发素。

洗发水　护发素

球形门把手　杆形门把手　电动触摸式

为方便更多人操作，门的开关装置在不断进化，从球形门把手到杆形门把手，再到电动触摸式。

图 5-12　产品通用化设计

2. 设备设计

近年来，车站和公共设施中常见的多功能卫生间也是通用化设计的一种。除了供普通人使用，带清洗功能的马桶外，还会在马桶旁边安装小洗手器，增加供人工瘘者使用的马桶、婴儿座椅、可折叠的多功能床等。通过为不同类型的使用者设置必备设施，让使用者更便利、更安心（图 5-11）。

> **人工瘘者**
> 因为疾病或事故等原因损伤了消化器官和尿道，为了排泄，在腹部等部位接受造口（人工肛门、人工膀胱）手术的人。

3. 产品设计

在产品设计领域如门的开关装置等，可以说也是从通用化设计思路开始演化的。过去，用手握住并旋转的类型（球形把手）是主流，近年来，更容易旋转的杆形门把手逐渐增多。另外，在不固定多数人出入的场所，已经开始使用电动触摸式自动门，方便更多人使用。

另外，由于人们在洗澡时会闭着眼睛，无法区分洗发水和护发素的容器，所以很多产品会采用在瓶身上加入突起，可以凭借触觉分辨。这也可以说是通用化设计的案例（图 5-12）。

第 5 节　通用色彩设计

根据感知颜色的视觉细胞的作用方式，人的色觉可以分成 5 类（表 5-1）。其中，除了拥有正常色觉的一般色觉者（C 型）外，拥有 P 型、D 型、T 型、A 型色觉的人都被称为色弱者。

表 5-1 人的色觉

人的 3 类椎体细胞	
L 椎体（红椎体）	主要感知黄绿~红色范围的光
M 椎体（绿椎体）	主要感知绿色~橙色范围的光
S 椎体（蓝椎体）	主要感知紫色到蓝色范围的光

C 型色觉（一般色觉）	3 种椎体（S 椎体、M 椎体、L 椎体）都具备的人。在日本，具有一般色觉的人占男性的 95%，女性的 99%
P 型色觉（Protanope）	3 种椎体中缺少 L 椎体，或者 L 椎体的分光感觉偏离的人
D 型色觉（Deuteranope）	没有 M 椎体，或者 M 椎体的分光感觉偏离的人
T 型色觉（Tritanope）	没有 S 椎体的人
A 型色觉	3 种椎体中只具备 1 种椎体的人。或者完全没有椎体，只有杆体的人。这样的人只能感觉到颜色的明暗，10 万人中有 1 人

注：P 型、D 型、T 型色觉被称为"色弱"，A 型色觉被称为"色盲"。

图 5-13 CUD 专研（提高对比度的案例）

另外，色觉也有可能由于疾病和年龄增长而发生变化。如今，设计界逐渐认识到了通用色彩设计（CUD）的重要性，不会采取让色弱者感到不便的色彩搭配。

1.CUD 的重点

CUD 的思路有以下 3 个注意事项：

①尽可能选择多数人能够区分的配色；

②尽力实现向难以区分颜色的人传递信息；

③让使用颜色名称的交流成为可能。

2. 实现 CUD 的方法

为了让配色照顾到各种色觉特征的人，可以区分颜色和颜色的深浅，这样辨识度更高（图 5-13）。

也可以通过颜色以外的信息的辅助，让使用者更容易区分。不仅仅是改变标志上的文字颜色，还可以通过加粗或放大字体，让使用者更容易区分。另外，以地图为例，不使用多种颜色的点来标注，而是用不同颜色变换形状，这样即使看不出颜色差异也能区分。此外，还可以用点、斜线等花纹进行区分，再

获得 CUD 认证的产品，在其背面有说明书盖着颜色名称的图章。

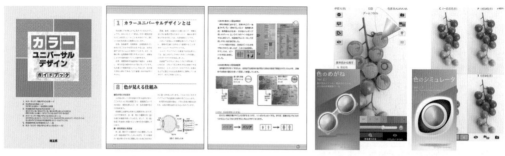

图 5-14　色彩通用设计指南(日本埼玉县)

图 5-15　色觉辅助 APP 案例(颜色眼镜、色彩模拟器)

加上颜色的名称,让使用者轻松识别。

3.CUD 的措施

在日本,有些自治体会发布 CUD 指南。我们以埼玉县为例来介绍。

埼玉县一直积极倡导无障碍设施和通用化设计,城市规划从注重福利的视角出发,在致力于建造无障碍设施的同时,早在 2006 年就发行了《通用色彩设计指南》(图 5-14),成为其他自治体的 CUD 范本。

2004 年,民间也成立了非营利组织通用色彩设计机构,在主页介绍关于 CUD 的基础知识,介绍各种研究调查和活动,以及采取 CUD 措施的自治体等信息。

另外,平板电脑和智能手机上也开发出了色觉辅助 APP来辅助难以区分颜色的人,"色彩模拟器"和"颜色眼镜"等应用软件可以实时再现色觉特性。让普通人能够理解不同色觉特性的人如何看待颜色、哪些是他们容易混淆的颜色等(图5-15)。

埼玉县的通用色彩设计指南中,有 CUD 的解释说明,用彩色图示表现色弱者难以区分的颜色,介绍具体应对案例等。自从 2006 年发行以来,经过了 2 次修改,可以从主页下载。

"颜色眼镜"和"色彩模拟器"都是浅田一宪制作的应用软件。

第 6 章

色彩理论及其在室内设计中的应用

我们目之所及的一切物体都有颜色。如果世界上的所有颜色都消失了会怎么样？我们看着鲜花，也感觉不到美，恐怕就连安全度过每一天都会变得困难。由于色彩是诉诸感觉的艺术，因此很容易陷入个人偏好，让我们学习色彩理论，将色彩当成具有客观性的非语言交流的手段，将色彩运用在室内设计中，创造出更加美好而舒适的空间吧。

第 1 节　色彩心理

色彩会让我们产生各种各样的感觉。看到颜色时产生的视觉现象，以及由于经验和记忆而引发的感性感觉，都会对我们的生活产生各种效果与影响。世界上第一个试图弄清这种心理感觉的人，是德国文豪歌德（Johann Wolfgang von Goethe，1749—1832）。在室内设计中，色彩心理有助于打造空间视觉效果，满足用户对印象和感觉的诉求。

> 色彩理论是在牛顿和歌德两人的引领下诞生的，1704 年，牛顿发表了《光学》，在物理学上解释了色彩；1810 年，歌德在《色彩论》中发表了色彩的心理现象。

1. 色彩的情感效果

色彩的情感效果与人们的经验记忆、知识相关，形成色彩的联想与感觉，并展现出来，也叫作色彩感情或色彩印象。我们可以从事物联想到颜色，同样可以从颜色联想到事物。比如提到火焰就会想到"红色"，从"蓝色"可以联想到天空和大海。这些情感效果具有普遍性，多数情况与性别、时代、民族无关，

> 在室内搭配时，很多人会为选择颜色而苦恼，这正是设计师大展身手的时候！要根据颜色拥有的普遍性和喜好区分使用，满足客户的要求。

红
西红柿、火焰、消防车
热情、生命力、爱、危险

蓝
天空、海洋、湖泊、水
清爽、诚实、冷静、忧郁

白
云、雪、牛奶、新娘婚服
纯粹、干净、净化、冷淡

橙
晚霞、橘子、落叶
温暖、开朗、温馨

紫
葡萄、堇花
高雅、神秘、优雅、纤细

灰
石头、阴天、烟雾、机器
节制、洗练、暧昧、无个性

黄
光、柠檬、孩子
活力、希望、醒目、注意

粉红
樱花、婴儿、春天
可爱、幸福、甜蜜、爱

黑
黑发、墨汁、黑暗、死亡
权威、厚重感、死亡、绝望

绿
自然、蔬菜、茶
和平、安心、和谐、治愈

褐
木头、大地、落叶
平静、稳健、朴素

例子
具体联想
抽象联想（意象）

图 6-1　主要色彩的情感效果

图 6-2　灵活运活用色彩情感效果的空间案例

颜色的象征性可用于区分男女、前进及停止、不同线路等

图 6-3　灵活运用色彩象征性的案例

不过会由于个人经验、民族性及宗教性等社会背景而产生差异。图 6-1 介绍了几种主要色彩的情感效果。在室内设计中，如果将色彩的情感效果运用于内饰设计，会对人的心理产生很大影响（图 6-2）。另外，当运用某种被广泛认知的色彩联想，利用其特定意义时，即使用了色彩的象征性。我们可以通过色彩的象征性迅速判断信息，采取安全的行动（图 6-3）。

> 颜色除了具有情感效果之外，还会对荷尔蒙产生影响。比如红色促进血液循环，橙色能增强食欲等。这些生理作用也要有效利用在室内设计中哦。

2. 颜色的视觉效果

在我们的日常生活中，只看到一种颜色的情况很罕见。颜色会与周围的颜色相互影响，这与人眼的功能密切相关。在我们身边的设计中，有很多利用视觉效果的案例。下面为大家介绍几种主要视觉效果。

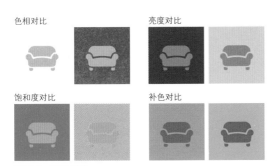

色相对比　　　　　亮度对比

饱和度对比　　　　补色对比

图 6-4　颜色对比

图 6-5　颜色的面积效果案例

· **残像**

残像是指光对视网膜的刺激消失后,刺激的感觉依然残留的状态。残像分为阳性残像和阴性残像,前者能看到与光刺激相同颜色的影像,而后者能看到与光刺激不同的影像。阴性残像中,原本的颜色和残像颜色的关系被称为心理补色,比如盯着红色圆圈看上一会儿后,将视线转向白纸,眼前就会模模糊糊地浮现出蓝绿色的圆圈。

· **颜色对比**

受到搭配色的影响,一种颜色呈现出与原本不同的色彩效果,这种现象称为对比。对比分为同时看到 2 种以上颜色时产生的同时对比,以及视线从一种颜色转移到另一种颜色时产生的继时对比,上文中介绍的残像就是继时对比。同时对比中,被大面积色彩包围的颜色向着心理补色变化的现象称为色相对比,让两种颜色的亮度差显得更强烈的现象称为明度对比,另外还有感受强化色彩差的饱和度对比,以及两种补色相互衬托,使其看起来更鲜明突出的补色对比(图 6-4)。

· **颜色同化**

与对比相反,在一种颜色中加入少量其他颜色时,两种颜色相互影响,原本的颜色将会向增加的少量颜色靠近,这种现象叫作颜色同化。和对比一样,同化分为色相、亮度、饱和度等各种属性的同化。

· **颜色的面积效果**

根据面积大小不同,颜色效果的呈现会发生变化。一般来说,颜色面积越大,看起来越明亮、越鲜艳(图 6-5)。在室内

手术服使用蓝绿色系的原因是避免医生在执刀时感觉到血液(红色)的补色残像的蓝绿色,而妨碍手术中的集中力。

参照:色相、明度、饱和度的说明【→本章第 2 节"色彩标记"】

放在网兜里的橘子和秋葵都用到了颜色的同化效果。售卖时,尚未成熟的橘子会放在红色网兜里,看起来比实际颜色更红更美味,从而起到促销效果。

室内设计的表面材料必须使用面积大的样品,才能预测面积效果。

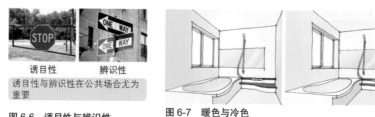

诱目性　　　辨识性

诱目性与辨识性在公共场合尤为
重要

图 6-6　诱目性与辨识性

图 6-7　暖色与冷色

设计和建筑中,要慎重考虑材料表面颜色的面积效果。

·颜色的诱目性

无意识下颜色也引发人的注意力,这种效果被称为颜色的诱目性。交通标识和施工现场的标志提示危险性,通常使用诱目性高的鲜艳颜色(图 6-6)。

·颜色的辨识性

即使在远处也能清楚地意识到,并能够准确获得信息的颜色效果被称为颜色的辨识性。引导人们安全行动为目标的标志设计中,通常使用带有明度差的颜色组合以提高辨识性(图 6-6)。另外,颜色的辨识性同样是通用色彩设计中需要考虑的因素。

参照:第 5 章第 5 节"通用色彩设计"

3. 颜色的心理效果

就像颜色的情感效果内容中提到的,我们能从颜色中感受到各种感觉。其中,大多数人的感受差异较小的感情效果被称为固有情感,来源于颜色所拥有的属性,在室内设计中被有效利用。下面我将介绍几种代表性的固有情感。

·暖色与冷色

红色、橙色和黄色能让人联想到太阳和火焰,产生温暖的感觉;而蓝色和蓝紫色会让人联想到水和海洋,从而感到寒冷。这种从颜色得到的温度感觉是因为色相的影响。暖色和冷色能够在调节空间的温度感觉上发挥作用(图 6-7)。

·前进色与后退色

站在同样距离的地方看颜色时,感觉比实际距离更近的是前进色,感觉比实际距离更远的是后退色。距离感同样受到色相的影响,暖色系的颜色为前进色,冷色系为后退色(图

实验表明,暖色、冷色不仅仅是体感温度,还会让体温和血压发生变化。用颜色可以调节空间的温度感觉,有助于提升室内的环境宜居程度呀!

图 6-8　前进色与后退色

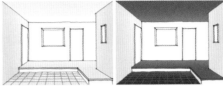

图 6-9　轻色与重色

图 6-10　兴奋色与沉静色（图 6-7 至图 6-10 制作：宫后浩）

6–8 ）。

·轻色与重色

即使物体的形状和重量相同,明亮的色彩感觉更轻,暗淡的色彩则感觉更重。颜色的重量感与明度有关,在空间中,则与宽敞和狭小的感觉相关(图 6–9)。

·兴奋色与沉静色

暖色系中的鲜艳颜色被称为兴奋色,会让人情绪激动,而灰色等冷色系颜色被称为沉静色,能让人静下心来放松。情绪的激动或沉静与色相及饱和度有关(图 6–10)。

第 2 节　色彩标记

据说拥有正常色觉的人能识别数百万种颜色。在日常生活中,我们只会使用数十种色名来对颜色进行区分,每个人通过颜色名称联想到的颜色会有差异,因此在室内设计时,经常会引起信息传递混乱。为了解决颜色信息传递不准确的问题,人们赋予颜色一定的表示规则再进行传达,将颜色定量排列,每个人都用同样的标准来进行标记与传达。世界上第一个想到并确立色彩系统的人是阿尔伯特·孟赛尔。

1. 颜色的性质

颜色具备三种属性。红色系的颜色、蓝色系的颜色,这种

室内设计中经常出现"米色"和"棕色"。试着对家里人说"大家带米色的东西""穿着棕色的衣服集合"吧。大家都会穿来同样的颜色吗?

我想大家应该能很快体会到,用名字传递色彩信息有多含糊不清,会产生多大的个人差异。

大家能理解在室内设计中,口头传递颜色指示有多不准确了吧。

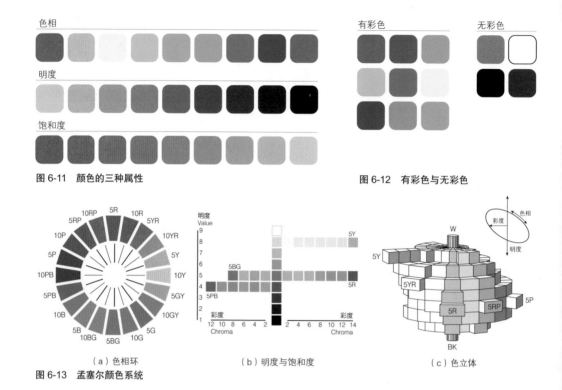

色相

明度

饱和度

图 6-11　颜色的三种属性

有彩色　　　　　无彩色

图 6-12　有彩色与无彩色

（a）色相环

（b）明度与饱和度

（c）色立体

图 6-13　孟塞尔颜色系统

不同色彩样貌叫作色相。另外，颜色还具备明亮程度这种性质。明亮的红色和暗淡的红色都属于同一色相，但是存在明亮程度的差异，这种性质叫作明度。颜色中明度最高（最亮）的颜色是白色，明度最低（最暗）的颜色是黑色。颜色还有表示鲜艳程度的性质，这种性质叫作饱和度（图6-11）。成熟的西红柿是饱和度高的艳红色，红豆则是饱和度低的暗红色。

　　所有颜色可以分为有颜色的有彩色（chromatic color）和没有彩色的无彩色（achromatic color）（图 6-12），有彩色拥有全部三种性质——色相、明度和饱和度，而无彩色只有明度这一个性质。这三种性质是颜色的三种属性，将物体的颜色根据三种属性，按照系统和规则排列在立体空间中，赋予它们记号、数值的体系叫作色彩体系（color order system）。下面，我将为大家介绍两种代表性的色彩体系。

2. 孟赛尔颜色系统

　　孟赛尔颜色系统（图 6-13）是美国画家孟赛尔（Al-

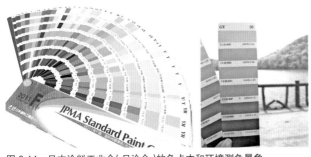

图 6-14　日本涂料工业会(日涂会)的色卡本和环境测色景象　　　图 6-15　使用孟塞尔颜色系统标记颜色的范例

bert H. Mansell，1858—1918)为了系统地教学生颜色而创立的色彩体系。孟赛尔颜色系统发表于 1905 年,后来由美国光学会(OSA)实际测量后进行了调整。日本工业规格(JIS)采用了孟赛尔颜色系统,形成作为标准色卡集的"JIS 标准色卡"。另外,在实务层面上,登载了孟赛尔数值的"日本涂料工业会色卡本"(图 6–14)也用于建筑环境的测色调查。

・**色相(Hue)**

五种基本色相,红(R)、黄(Y)、绿(G)、蓝(B)、紫(P),加上每种颜色的补色蓝绿(BG)、蓝紫(PB)、红紫(RP)、黄红(YR)、黄绿(GY)后,就组成了 10 种基准色相。将这些色相排成环形[叫作**色相环**(Color Circle)],每种色相分成十等分,就能够表示 100 种色相了。

・**明度(Value)**

纯粹的黑色明度为 0,纯粹的白色明度为 10,二者之间等分后设定明度。不过实际存在的颜色中不存在纯粹的黑色和白色,因此色卡上的标记是 1.0(黑)~9.5(白)。

・**饱和度(Chroma)**

没有颜色的无彩色彩度为 0,颜色逐渐增强后,彩度就按照 1、2、3……的顺序提高。由于色卡的饱和度是根据实际颜色能够重现的范围指定的,因此不同色相的最高饱和度数值不同。

用数字和记号标记颜色的三种属性后,就可以在三次元中成体系地表示颜色,这就是色立体(图 6–13c),如果是有彩色,就按照"色相 明度/彩度"的顺序标记,比如"4R 5/14";如果是无彩色,就用"N 明度",比如"N9"的方式表示(图

JIS 标准色卡将 10 中基准色相分别成四等份,有 40 种色相构成。

在建筑、室内设计领域,像日本涂料工业会的色卡本(俗称"日涂工"和环境色彩条例等,使用的都是孟赛尔颜色系统,这样的颜色系统就在我们身边!如果会看孟赛尔值,你就能更进一步讨论颜色了!

补色:色相环上正对位置的两种颜色互为补色。孟赛尔颜色系统使用了物理补色——色彩与补色混合后会成为无彩色。

4R 5/14 读作"4R 5 杠 14",N9 直接读作"N9"。

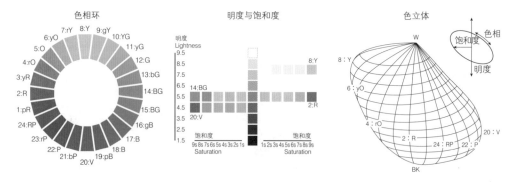

色相环　　　　　明度与饱和度　　　　色立体

图 6-16　PCCS 色彩体系

6-15）。诸如此类,孟赛尔颜色系统可以作为"色彩的标尺"。

3.PCCS(日本色彩研究所配色体系)

　　PCCS 是 Practical Color Co-ordinate System 的缩写,以色彩搭配为主要目的,是财团法人日本色彩研究所(现在的一般社团法人日本色彩研究所)在 1964 年开发出的代表性 Hue&Tone 颜色体系(图 6-16)。Hue&Tone 是指用色相(Hue)和色调(Tone)两种体系整理并标记颜色的方法。PCCS 有两种色彩标记方法,用颜色的三种属性标记单色,而当遇到色彩搭配问题时,则使用色调来进行标记。

　　·色相(Hue)

　　主要色相是人类色觉的基础,以红、黄、绿、蓝心理四原色为基础,共设置了 24 种色相。使用心理补色的色相作为补色,每种颜色不仅有表示色相的色相记号,还取了便于联想的颜色名称。

　　·明度(Lightness)

　　明度通过视觉在黑白之间等分。明度记号以孟塞尔颜色系统为基准,设定在 1.5(黑)~9.5(白)之间,一共有 17 级,每级相差 0.5。

　　·纯度(Saturation)

　　将每个色相中最鲜艳的纯色设定为该色相的最高纯度,与无彩色之间等分为 9 级,从 1s(最接近无彩色)到 9s(纯色)。

> 　　PCCS 的详细介绍可参考日本色研事业株式会社的官方网站(http://www.sikiken.co.jp/)。

> 　　PCCS 可谓配色实践参考用书。只有充分理解了 PCCS 中色相和色调的概念,才能在色彩搭配实践和室内设计过程中更专业的操作。

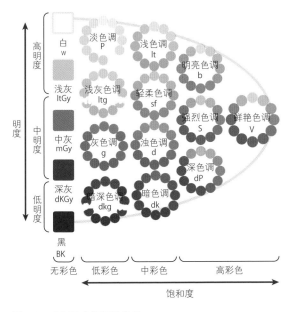

v	b	s	dp
vivid	bright	strong	deep
鲜艳 华丽 醒目	明亮 开朗 华丽	强大 浓重 热情	深沉 浓郁 传统
lt	sf	d	dk
light	soft	dull	dark
浅 清澈 清爽	柔软 稳重 朦胧	暗淡 没有光泽 中庸	昏暗 成熟 圆熟
p	ltg	g	dkg
pale	light grayish	grayish	dark grayish
轻薄 温柔 可爱	明亮的灰色 平静 成熟	发灰 浑浊 朴素	暗灰色的 坚固 男性化的
W	Gy	Bk	色调记号
White	Gray	Black	色调名
干净 冰冷 新鲜	灰蒙蒙 时尚 寂寞	高级 雅致 严肃	意象

图 6-17 PCCS 色调及其意象

· 色调（Tone）

即使在同一色调中，也有亮红色、深红色、暗红色之分，明暗、强弱、浓淡各不相同，这种属性被称为色调。色调是综合了明度和纯度的概念，PCCS 总结了 12 种有彩色、5 种无彩色的色调分布图。另外，每种色调都有自己专属的形容词，在考虑色彩搭配时能够有所帮助（图 6-17）。

4. 惯用色名

我们在生活中表示颜色时，会将水的颜色称为"水色"，樱花的颜色称为"樱色"，用具体的动植物或物体颜色来称呼。这些是固有色名，其中在日常生活中广泛使用的颜色名称被称为惯用色名。惯用色名不仅存在于日本，其他国家同样有，不过在日本的很多色名中能了解到日本的历史与文化，比如万叶集中出现的"茜色"以及被称为"四十八茶百鼠"的"利休茶""团十郎茶""梅鼠"等颜色，是由江户时代禁奢令而产生的，以及明治中期，在新桥的艺伎之间流行的和服颜色"新桥色"等（图 6-18）。

千利休是一名茶匠，他对室内设计和色彩文化产生了很大影响。"利休茶""利休鼠""利休蓝"等都是形容偏绿的颜色的词，因为词中的"利休"能让人联想到茶。这是诞生于江户时代的词语，现在依然在使用。

禁奢令和四十八茶百鼠：
江户时代多次发布不论身份阶级，禁止所有人铺张浪费，鼓励、强制节俭的禁奢令，严格规定了平民的服装颜色、图案甚至布料。四十八茶百鼠是指由于平民只能穿茶色、鼠色、蓝色的服装，江户的百姓变将布料染成了丰富多彩的茶色、鼠色和蓝色，每种颜色只有微妙的差异，是当时的流行文化之一。

四十八茶百鼠并非是指48 号茶色和 100 号鼠色，而是表示"种类繁多"的意思。

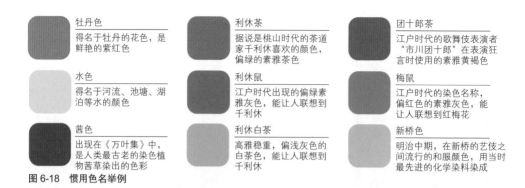

	牡丹色		利休茶		团十郎茶
	得名于牡丹的花色，是鲜艳的紫红色		据说是桃山时代的茶道家千利休喜欢的颜色，偏绿的素雅茶色		江户时代的歌舞伎表演者"市川团十郎"在表演狂言时使用的素雅黄褐色
	水色		利休鼠		梅鼠
	得名于河流、池塘、湖泊等水的颜色		江户时代出现的偏绿素雅灰色，能让人联想到千利休		江户时代的染色名称，偏红色的素雅灰色，能让人联想到红梅花
	茜色		利休白茶		新桥色
	出现在《万叶集》中，是人类最古老的染色植物茜草染出的色彩		高雅稳重，偏浅灰色的白茶色，能让人联想到千利休		明治中期，在新桥的艺伎之间流行的和服颜色，用当时最先进的化学染料染成

图 6-18　惯用色名举例

第 3 节　色彩搭配与色彩规划

色彩搭配（Color Harmony）是指组合两种以上色彩的配色，使人观感愉悦，融合秩序与多样性，变化与统一等相反的要素。在欧洲，以古希腊哲学家为首，有不少研究者在色彩搭配中追寻哲理。室内设计由众多要素构成，理解色彩搭配是创造舒适而美好空间的手段之一。在此介绍灵活运用色相和色调（Hue&Tone）颜色体系，这个以逻辑性指导为目的的色彩体系，以及内饰设计色彩规划的巧妙方法。

1. 两种色彩调和

使用 Hue&Tone 颜色体系时，既可以着眼于色相进行色相配色，也可以着眼于色调进行色调配色。各种配色方法都可以分为相似协调与对比协调两种。

· 相似协调

相似协调是着重统一的配色方法，用同系色彩进行组合，统一色调（图 6-19）。相似协调符合整体感、沉稳等效果，室内设计多以追求安稳和舒适的空间为目的，相似协调可以说是室内设计的配色基础。过于强调统一会导致单调平凡，所以要增加重点色，有意识地营造明度差和纯度差，加入适当的变化，让配色更加紧凑。

①同一色相配色（Monochromatic）。这是组合某个色相中不同色调色彩的配色方法，基本上由单一色构成，是强调

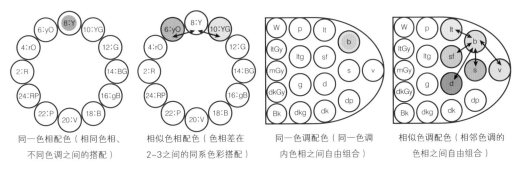

<table>
</table>

同一色相配色（相同色相、
不同色调之间的搭配）　相似色相配色（色相差在
2~3之间的同系色彩搭配）　同一色调配色（同一色调
内色相之间自由组合）　相似色调配色（相邻色调的
色相之间自由组合）

图 6-19　配色呈现相似协调的案例

统一感的配色方法。

　　②相似色相配色（Analogeous）。这是用两种相近色相的颜色进行组合的配色手法，用 PCCS 中色相差为 2~3 之间的颜色进行搭配。这种组合也是由基本色控制，容易营造统一感。

　　③同一色调配色。这是在同样的色调中进行色彩组合的方法，能够直接表现出色调的感觉，比如明亮、柔和、沉静等。

　　④相似色调配色。这是由相邻色调的色相组合而成的配色方法。相邻色调的明度和纯度相近，可以强调共通的感觉，容易营造统一感。

　· 对比协调

　　对比协调是着重变化要素的配色方法，由色相差较大的对比色组成，或者由明度和纯度相差较大、不同色调的颜色组合而成。适合用来表现跃动感、华丽、力量强大等效果。

　　由于对比过大会导致不协调，所以使用这种配色方式时需要加入适当的秩序，比如统一色调，或者考虑面积比例等（图6-20）。

　　①对比色相配色（Contrast）。这是组合色相环上位置相反的色相的配色方法。在 PCCS 中，色相差在 8~10 之间，是对比强烈的配色，感觉不到两种颜色之间的共通点。

　　②补色色相配色（Complementary）。这是组合色相环上位置正相对的色相的配色方法。两种颜色都是最能衬托对方的颜色，使用高纯度的颜色，可以轻松打造华丽、力量强大的

高饱和度色可以增强色彩的情感效果，中低饱和度色能够增强色调的情感效果。

补色色相配色是最能让两种颜色相互衬托的配色。使用饱和度高的颜色效果最好，使用饱和度低的颜色也能起到作用。

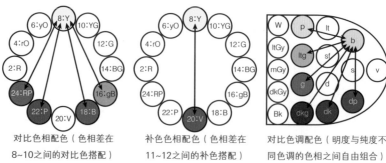

<table>
<tr><td>对比色相配色（色相差在
8~10之间的对比搭配）</td><td>补色色相配色（色相差在
11~12之间的补色搭配）</td><td>对比色调配色（明度与纯度不
同色调的色相之间自由组合）</td></tr>
</table>

图 6-20　配色呈现对比协调的案例

印象。

　　③对比色调配色。这是从明度和纯度相差较大的色调中选择颜色进行搭配的方法。因为这是两种意象相反的颜色组合，所以要想创造出协调感，必须调整面积配比。

2. 色彩规划

　　20 世纪 50 年代的美国，工业制品大量生产，色彩规划（Color Planning）的思想开始普及。在进行住宅、医院、工厂等空间的规划时，从色彩的美观效果和心理效果这两方面考虑，以提高工作效率和舒适性为目标调节色彩（Color Conditioning），这就是色彩规划的源头。现在，色彩规划成为室内设计中实现设计理念的手段。

　　对室内空间进行色彩规划时，首先要考虑整体的分配（图6–21）。在一个空间中，表现概念中心部分的是地板、墙壁、天花板等面积大的背景色，叫作基础色（base color）。接下来，主要由门窗及室内家具等占据中等面积的部分来凸显基础色的特征，营造变化，这些颜色叫作配合色（assort color）。最后，少量起到提亮空间整体配色效果的颜色叫作强调色（accent color），大多情况下会选择抱枕、装饰画等容易更换的物品，不过，最近将一面墙作为重点色的情况也在逐渐增加（图6–22）。

基础色

配合色

强调色

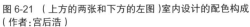

图 6-21　（上方的两张和下方的左图）室内设计的配色构成（作者：宫后浩）

图 6-22　使用一面墙作为重点色的案例

第 4 节　什么是颜色

颜色是对光的视觉效应，是感知物体的方法之一。没有光的地方感受不到颜色，光打在物体上之后通过反射进入人眼，由大脑感知色彩（图 6-23）。在世界上第一所设计类大学包豪斯（Bauhaus）创立之初就担任色彩学教师的约翰·伊顿（Johannes Itten，1888—1967），他的作品《色彩论》就是从解释光开始的。了解光，才能更客观地理解色彩。

1. 光与视觉

阳光和电视、广播的电波，或者 X 射线一样，是一种电磁波。其中，人眼可以感知到波长在 380~780 nm（纳米，1 nm是 1 m 的十亿分之一）范围内的光的颜色，这样的光叫作可见光。可见光是多种波长的光集中在一起形成的无法感知到色彩的白光，不过通过三棱镜折射后，就会出现由于波长不同而呈现出不同颜色的单色光，这就是光谱。我们所说的颜色，正

彩虹是太阳光进入水滴经折射和反射作用而形成的弧形彩带现象，雨滴在其中起到了三棱镜的作用。

彩虹有几种颜色？几乎所有日本人都会回答是七色的吧。在日语词典中查找"彩虹"，你就会发现上面写着"七色的美丽景象"。不过在其他国家，你会得到不同的答案，比如六色或四色等。由于彩虹是波长连续的光，认为彩虹是几种颜色这个问题的答案似乎与该国的文化有关。

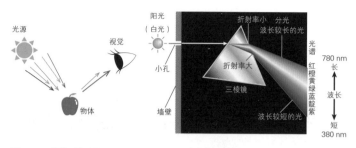

图 6-23 颜色感知原理　　　图 6-24 牛顿色散实验

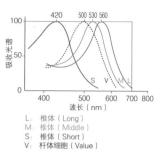

图 6-25 杆体细胞、锥体细胞的敏感度特征(分光敏感度图)

是传递到大脑中的光谱。按照波长从长到短,光谱可以排列为红、橙、黄、绿、蓝、靛、紫。发现光谱的人是艾萨克·牛顿(Isaac Newton, 1643—1727),他在 1704 年发现了光谱（图 6-24 ）。

　　另外,物体反射的光进入我们的眼睛,通过视网膜感知后进入大脑,于是我们就看到了颜色。人类的视网膜中有判断明暗的杆体细胞和判断颜色的锥体细胞。锥体细胞有三种,分别对不同波长范围产生反应,即感知长波长(红色系)的 L 锥体,感知中波长(绿色系)的 M 锥体,以及感知短波长(蓝色系)的 S 锥体,通过敏感度不同的视觉细胞,细胞接收的波长在大脑里形成了色觉(图 6-25)。色觉有个人差异,很多人会有不同的色觉,有的人看不到特定的颜色,或者会将两种不同的颜色当成一种,这是由于随着年龄的增长,水晶体会发生变色,或者是因先天性遗传等原因造成的。因此,色彩规划中也需要加入通用化设计。

参照:第 5 章第 5 节"通用色彩设计"

2. 人工光源与颜色

　　在室内空间中,很多情况是在人工光源的照明下看颜色,人工光源的照明是应用了自然光阳光的光谱和人的色觉敏感度特征来制造的。人工光源使用色温作为表示该光源拥有的色调的指标,单位是开尔文(K)。色温度会对空间给人的印象和心理效果造成影响,所以配合照明器具选择光源的色温很重要。

参照:第 4 章第 7 节"电力设备",第 8 章第 1 节"照明工具"

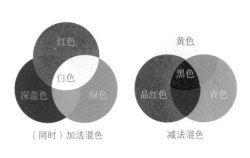

图 6-26　三原色与混色的结构

图 6-27　并置加法混色案例(点彩画),乔治·修拉作品《大碗岛的星期天下午》

3. 原色与混色

通过混合能展现出所有色彩的颜色叫作**原色**(primary color),原色无法分解成其他颜色。颜色分为光的颜色(光源色),以及光照在物体上之后,通过反射、吸收、穿透而形成的颜色(物体色),两种颜色中的原色组合不同。另外,通过混合两种或两种以上的颜色形成的其他颜色叫作**混色**。

·(同时)加法混色

光源色中的原色是光的三原色,分别是红色、绿色以及蓝色。原色重叠后,会比原来的颜色更加明亮,混合三原色后会得到最亮的白色(透明)。这项原理被应用在彩色电视、电脑显示器和射灯上,被称为**加法混色或同时加法混色**(图 6–26)。

·减法混色

物体色的三原色被称为颜料三原色,分别是黄色、品红色(Mazenta)和青色(Cyan)。原色混合后会变暗,三种颜色混合后会变成黑色。彩色印刷中,会使用颜料三原色和黑色重现颜色,被称为**减法混色**(图 6–26)。

·并置加法混色

在非常小的面积中排列不同颜色的点和线时,在距离较远的地方看,就会分不清每一种颜色,产生视觉混合。这种情况可以认为是人眼视网膜上的混色,被称为**并置加法混色**。另外,由于混色后的颜色明度处于所有颜色的中间,所以又叫作

在我小时候,学到的三原色是红黄蓝,被称为"布儒斯特三原色",在很长一段时间里被画家和染色师所使用。1731年,基于布儒斯特三原色发明的世界上第一个多色印刷登场。然而,实际上这种印刷方法很难重现色彩。

顺带一提,布儒斯特是英国物理学家,因为光的折射定律"布儒斯特定律"著称,他还是万花筒的发明者。

印刷所使用的系统色CMYK 中的 K 是 Key Plate(基准版)的意思,并不是黑。

新印象派画家乔治·修拉为了画出更加明亮的光线而学习了光学,发现了视觉混合这种人眼结构。

他利用这种结构,创造出不用在调色盘上混合颜料,而是用纯粹的颜料描点的技法"点画法"(图6-27)。

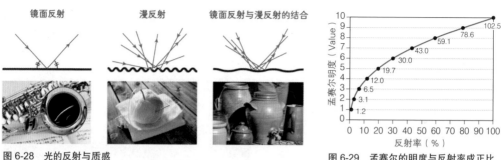

图 6-28　光的反射与质感

图 6-29　孟赛尔的明度与反射率成正比

中间混色。这种并置加法混色被用在电视及电脑显示器、印刷，以及绘画技巧点画法中。

第 5 节　色的质感

设计的基本构成是形状、颜色与质感。这些要素会相互作用，因此不能只确定了色彩就算完成了设计，必须同时考虑色彩与形状、材料之间的平衡。特别是材料表面的质感，通常既可以通过碰触来感知，又可以通过视觉来感知。在室内设计中，必须要了解材料的特性，结合颜色在材料上产生的视觉效果进行综合讨论，并且构建出立体图像。

参照:第九章"材料"

1. 光的反射与质感

就算使用同一种颜色，不同质感的材质也会呈现出不同的外观，这是由于物体表面光反射的特性不同造成的。例如，带有光泽的物体由于光的镜面反射，看起来闪闪发亮，给人一种坚硬的感觉。而哑光的反射面由于反射光完全反射，光线会变得柔和，给人一种柔和的感觉（图 6-28）。

另外，从光反射与物体亮度之间的关系来看，通常情况下，反射率越高亮度越高（图 6-29）。另一方面，光泽的反射面从正对着光反射的方向来看是明亮的，从其他方向看就会显得昏暗。而哑光面会将光线向所有方向反射，因此无论从哪个方向看亮度都是一样的。

2. 颜色与质感

把颜色与质感的特性相结合,能得到相辅相成的效果。比如给人冰冷感觉的金属材料配合冷色系,就会增强冷硬的印象;而绒布质感的窗帘配合暖色系或明亮的色彩,就会显得更加柔软,给人温暖的感觉。让颜色与质感形成互补关系,能更加细致地掌握室内设计的风格。

参考文献

［1］大井義雄、川雄秀昭,《カ ラーコーディネーター入門色彩　改訂版》,日本色研事業株式会社,2002.

［2］アルバート・H・マンセル、日高杏子,《色彩の表記》,みすず書房,2009.

［3］ヨハネス・イッテン、大智浩,《色彩論》,美術出版社,1971.

［4］大山正,《色彩心理入門》,中央公論社,1994.

［5］福田邦夫,《決定版　色の名前507》,主婦の友社,2006.

［6］川上元郎,《色のおはなし》,日本規格協会,1992.

［7］東京商工会義所,《カ　ラーコーディネーターの基礎　第3版》,中央経済社,2007.

［8］ギャン＝ガブリエル・コース、吉田良子,《色の力》,CC メディアハウス,2016.

［9］鈴木孝夫,《日本語と外国語》,岩波書店,1990.

［10］《岩波国語辞典　第3版》,岩波書店,1982.

室内设计领域中的结构、施工方法、法规等方面都包含着建筑知识。面对建筑的特定条件,如何积极灵活地运用这些知识,发挥知识的作用,对一个室内设计师来说十分必要。不仅仅是新建项目,如上图的那样,将停止运营的车站改造成旅游服务中心、休息室和咖啡厅的改建项目中,建筑领域的知识同样不可或缺(图为奈良市综合旅游服务中心)。

第1节　建筑概要

建筑是由屋顶、外墙等防止外部干涉的外装,地板、楼梯、隔断、架子和台面等辅助室内活动的内装,连接两者的门窗等建筑开口,以及支撑它们的骨架构成(图7-1)。骨架和外装的使用年限比内装长。骨架结构分为由钢筋混凝土和木板墙、石头、土、砖瓦等砖块垒成墙壁、屋顶和内装的墙承重结构,以及由木材、钢筋混凝土梁柱组成的结构支撑外装与内装的骨架承重式结构(图7-2)。由于使用门窗会产生磨损,所以建筑开口的使用年限普遍比外装短。建筑开口的设计、动线、采光、视野、通风、换气等方面都是室内设计的重点。

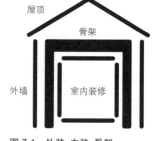

图 7-1　外装、内装、骨架

除了墙承重结构和骨架承重式结构以外,还有利用气压差和张力等特殊结构。

第2节　室内装修的概要与重点

室内装修是为了适应人和物体的动作及行为,设计符合骨

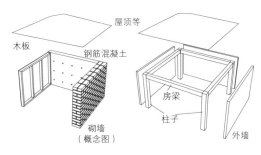

图 7-2　骨架（墙承重结构和骨架承重式结构）

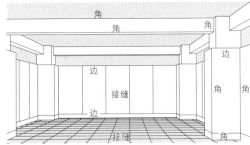

图 7-3　接缝、边、角的关系

架特征和建筑开口的空间布局,调整动线和地板、天花板的高度,对应计划的用途、风格、档次来安装毛坯件并将其完工。每一道工序都分为"基层"和"装饰层"阶段,基层是直接在骨架构造上的操作,将设备藏在建筑内部,调整尺寸以符合人的认知和动作,要选择确保强度和稳定性的材料。而装饰层要安装直接接触外观、触感等装饰材料。从施工方法来看,有使用水等溶剂的湿式施工法,以及使用胶、钉子、螺丝等工具的干式加工法,要根据骨架结构、法规、用途、设计和性能等进行选择。表面材料要在基础材料完工后,从室内进行施工,安装时要注意表面不要开裂。这种情况下,相同材料之间的分界叫作接缝,不同材料之间的分界叫作边,不同面之间的分界叫作角。接缝、边、角的处理叫作收边收口,会对建筑开口,定制家具、内装的强度、质感和印象产生很大的影响(图 7-3)。

> 调整基础的尺寸,让有建筑开口的天井、墙壁、地板缝、边、角线等的整齐通畅,室内才有整体效果。

第 3 节　内装

1. 地板

地板上会放置物品,人也会在地板上移动。像水等液体还有一些物品也偶尔会掉在地板上。因此,地板需要拥有多功能,比如:稳定的承重强度,耐磨损性,承受冲击的耐久性,吸收隔绝冷气,光滑度合适的安全舒适性,以及不易脏、易清洁的易保养性和经济性等。

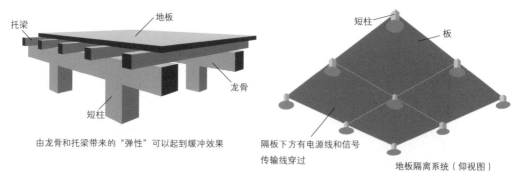

由龙骨和托梁带来的"弹性"可以起到缓冲效果

隔板下方有电源线和信号
传输线穿过

地板隔离系统（仰视图）

图 7-4　框架结构

·框架式地基

用短柱和龙骨来调整地板水平高度的打地基方法。主要使用木质材料，也会用到能防止干燥收缩、响声、虫害的塑料或钢铁短柱。另外，还有用于隔离电源线、信号传输导线的带有短柱的地板隔离系统（OA 地板）（图 7–4）。

用化妆品来比喻的话，打地基就是粉底。如果不能好好打底，表面润饰就无法顺利进行。

·直铺地板

在商业设施中，通道或每个招租店铺的地面装饰材料的厚度差，会用抹灰浆的厚度来调整（图 7–5）。

2. 墙壁

墙壁的作用是遮挡视线、声音、风（空气和热量），承受、阻挡冲击。墙壁易接触，因此墙壁需要有质感和表面的精细度，触感舒适，要耐水、耐光、耐热、耐药品、耐磨损、耐冲击，耐脏、易清洁，具备隔热、隔声和吸收冲击的性能，还要考虑成本和安全性。另外，将柱子等建筑结构包住的结构叫作隐柱墙结构，像和室那样露出柱子的结构叫作明柱墙结构。

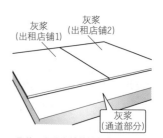

通道、出租店铺的地板表面材料不同，要调整厚度的差距

图 7-5　直铺地板

·湿式施工法墙壁

按照湿式施工法，传统墙壁要在由细竹子纵横交错而成的细竹底（图 7–6）上分三个阶段涂抹各种土材，分别是刷底灰，刷中间层，表面涂层。表面有时会用灰泥。

参照：墙壁的表面加工材料【→第 9 章"材料"】

·强化混凝土墙

用纵横交错的钢筋强化的中空混凝土砖砌成，用灰浆和水泥填充接缝（图 7–7），一般用在厨房等需要防水耐火的区域。

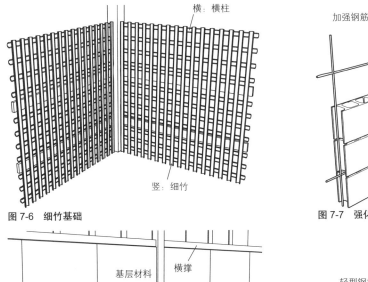

图 7-6　细竹基础

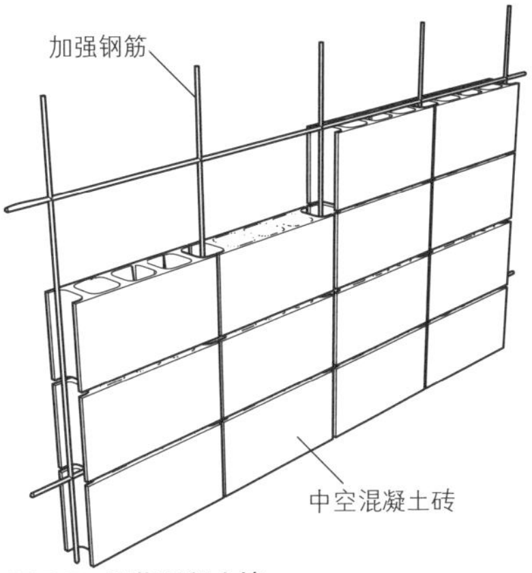

图 7-7　强化混凝土墙

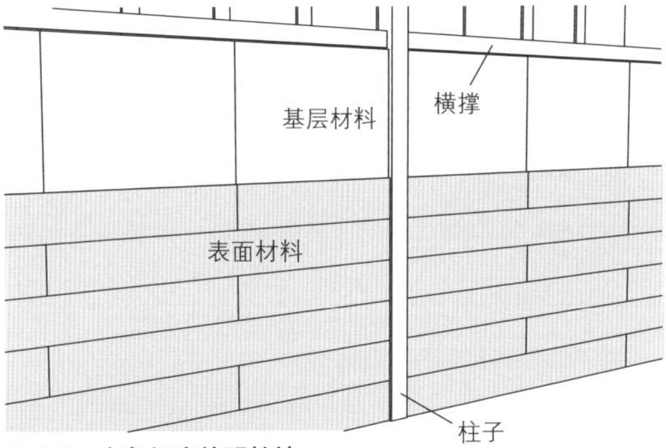

图 7-8　木条打底的明柱墙

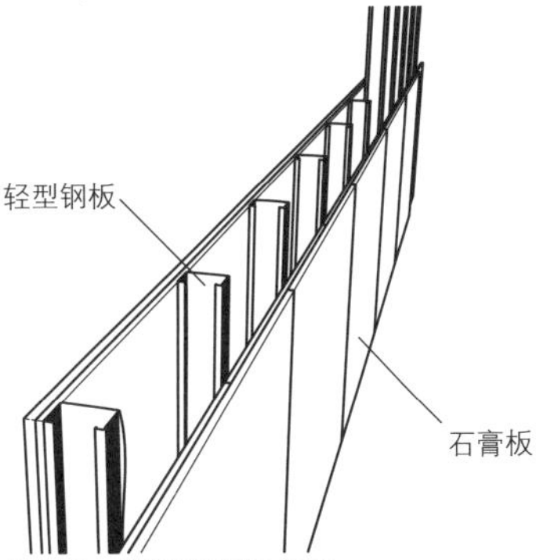

图 7-9　轻型钢结构墙壁

·干式施工法墙壁

在木条和轻型钢结构（LGS）的骨架上用钉子固定石膏板，不需要特殊养护的墙壁底层（图 7-8、图 7-9）。也可以选择多孔石膏板作为打底材料，使用灰浆、灰泥、硅藻土等进行湿式施工法加工。

3. 天花板

天花板可以隐藏房间里的结构体和设备机器，起到调整室内比例及风格的作用。虽然设计的自由度较高，不过考虑到发生灾害时的破损、脱落，以及发生火灾时延缓火势蔓延的要求，必须选择合适的材料及施工方法。

·吊梁天花板

传统和室在带墙角护条的柱子上安装吊梁，来承载天花板。天花板上的横木和吊木，可以调整吊梁的曲度和室内的外

使用吊梁天花板要考虑室内的面积，为了给人留下平直的印象，需做成带有微妙角度的曲面。

吊梁天花板的天花板板面是放在吊梁上的，下方有支撑、横木和吊木可以调节天花板整体的曲度。梁下天花板板面经过了加工【→第 9 章第 2 节图 9-6】，是从下方用钉子固定在梁上的。吊木、横木是为了让天花板保证水平。

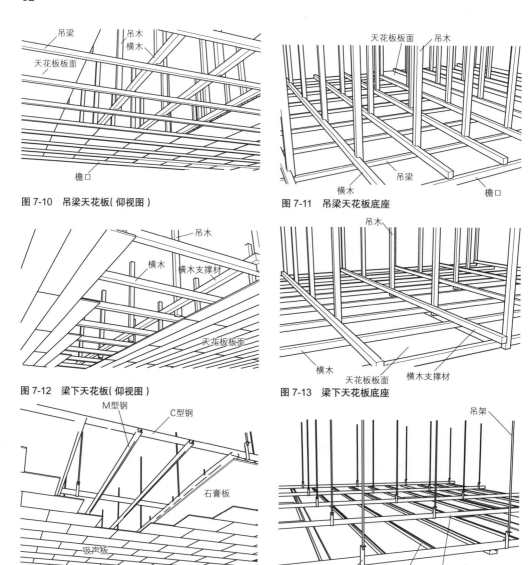

图 7-10　吊梁天花板（仰视图）

图 7-11　吊梁天花板底座

图 7-12　梁下天花板（仰视图）

图 7-13　梁下天花板底座

图 7-14　吸声板天花板（轻钢架天花板底座）

图 7-15　轻钢架天花板底座

观（图 7–10、图 7–11）。

·梁下天花板

房顶上垂下吊木，挂着横木及与横木垂直相交的木条，将天花板安装在交错的木条下方（图 7–12、图 7–13）。

·轻钢架天花板

从屋顶垂下吊架，用悬吊挂钩连接 C 型钢和 M 型钢，从下方安装天花板板面（图 7–14、图 7–15）。

梁下天花板的吊木、横木、横木支撑枝在轻钢架天花板上分别是悬垂挂钩、C 型钢和 M 型钢。

·直涂天花板

在混凝土骨架上直接粉刷湿式材料。顺着基础部分或涂好的面层,薄薄一层,均匀地反复涂抹。(图 7–16)。

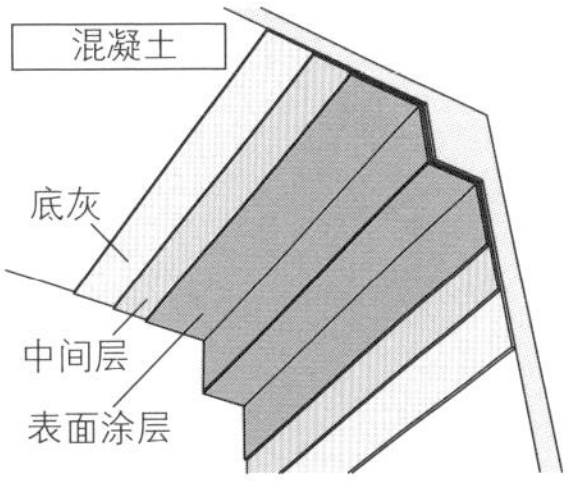

第 4 节 搭建装饰

在建筑内部搭建的东西或者构成内部结构的物体叫作搭建装饰,包括起到装饰、移动、收纳功能的门窗框架、楼梯、柜子、衣橱、壁炉台、壁龛等。本节将对壁龛进行概述。

1. 壁龛

和室的壁龛在招待客人时会成为上座的背景,决定房间的方向和风格。各部分的结构因地区、地位、喜好的不同,产生了众多种类。

· **壁龛**:用挂轴或者摆设装饰。由柱子、横木、木地板、栏杆挡板、装饰横木组成。

· **壁龛旁边的搁板**:设有置物架或者收纳柜。由宠物门、横档、小橱柜、交错隔板、连接柱、地柜、底板组成。

· **固定几案**:起到采光的作用,有时会省去。由横木、楣窗、拉门、底板等组成。

2. 和室各部分

和室中常见的配置如下(图 7–17、图 7–18):

· **门槛**:支撑拉门、隔扇的下方,地板上水平的构件,有防止侧滑的凹槽。

· **门楣**:支撑拉门、隔扇上方的水平构件,有宽 15 mm 左右的防歪凹槽。同样部位没有凹槽的设计叫作横档。

· **横木**:门楣上方的装饰构件。

· **楣窗**:横木、门楣上方用于采光、通风的装饰物,有时会省去。

· **檐口**:天花板和墙壁分界处的水平构件。

图 7-16 直涂天花板

> 家具和搭建装饰决定了人的方式和各房间用途。

> 从江户时代中期开始,壁龛的形式渐渐分化后定型,根据身份(公家、武士、平民),用途(从正式场合到私人场合)的不同而有所区别。

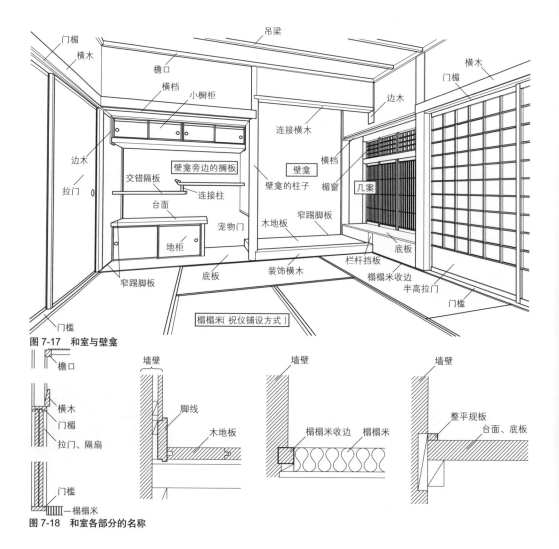

图 7-17　和室与壁龛

图 7-18　和室各部分的名称

- **脚线**：墙壁与地板分界处的水平构件。
- **榻榻米收边**：填充榻榻米与墙壁之间缝隙的水平构件。
- **窄踢脚板**：架子或地板与墙壁分界处的水平构件。

3. 楼梯

　　楼梯、台阶可以重叠多个地板，可以登高望远，有效利用有限的面积，成为避难通道或者空间结构上的亮点。包含楼梯在内的垂直动线通常会设计成建筑整体的普通动线、避难通道或者旨在减轻火势蔓延损害的动线，在分区、尺寸和表面材料等方面要遵守法律法规。

从史前时代的住居遗迹调查中可以看出，人类的祖先住在没有出入口的墙壁和围栏中。墙壁用来抵御外敌及野兽，而出入则利用梯子。

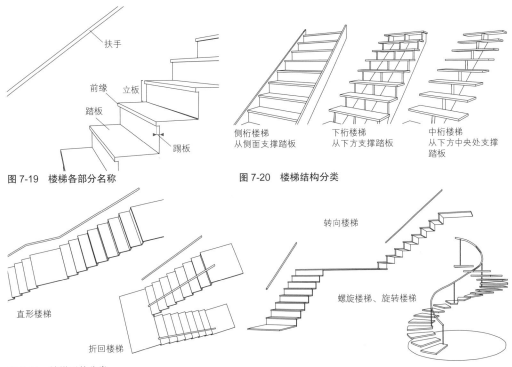

图 7-19　楼梯各部分名称

图 7-20　楼梯结构分类

图 7-21　楼梯形状分类

· **楼梯的各部分名称及种类**

楼梯由踏板(楼梯水平部分)，立板(一节楼梯的高度)，踢板(两节楼梯的重合部分)以及前缘(踏板的前端)组成，为了保证安全，大多装有扶手(图 7–19)。另外，根据结构和形状可以分为侧桁楼梯、下桁楼梯、中桁楼梯、直形楼梯、折回楼梯、转向楼梯、螺旋楼梯(旋转楼梯)等(图 7–20、图 7–21)。

· **楼梯设计中的注意事项**

考虑到人体在静止和运动时的尺寸，坡度应设在 30°~35° 之间，扶手直径为 35~40 mm，扶手高度为 750~850 mm，扶手与墙壁之间的缝隙要大于 40 mm。

不仅仅是楼梯，在台阶等人的动作会发生改变的地方，很容易发生跌倒等事故，所以要采取各种措施提醒人们注意台阶。

另外，前缘容易被踢到、摩擦、与物体碰撞，受到损伤，所以要注意其强度、耐久性和更换的便利性。

参照：第 5 章第 2 节"住宅设计"

对不同用途和地点的楼梯有不同的法规规范,在住宅中,规定立板高度要小于 230 mm,踏板宽度要大于 150 mm,有效宽度要超过 750 mm,在不特定多数者使用的建筑中,扶手或者侧壁的高度要大于 1100 mm。

第5节　建筑开口

建筑开口是设计在墙壁或天花板上的门、窗户、孔洞等部分的总称,供人、物、光、风、声出入,起到采光、眺望、通风、换气的作用。建筑开口由边框、可动部分的建材、辅助材料组成,在注重开放时功能的同时,要考虑关闭时的防盗、防灾、隔热、隔声效果。

建筑开口从室内和室外两侧同时考虑。比如住宅是在室内生活时间长的空间,商业设施等注重对外宣传,根据不同用途,设计的重点会发生改变。

1. 开合的方式(图7-22)

· 上下左右平行移动的开合方式:推拉式分为单向推拉、双向推拉、上下推拉等,可以与木板套窗、纱窗、窗帘、百叶窗配合使用,自由度高。

· 前后平行移动的开合方式:平移推拉式,可以兼顾防盗和换气。

· 以铰链为轴旋转的开合方式:平开式,除了双开、单开、旋转、伸出等方式外,平开方向还分为内外两种,轴的方向也分为纵横两种类型。密闭性普遍比平行移动式门窗高。确定开合方向时,要注意配合木板套窗、纱窗、窗帘和百叶窗。

· 平行移动与旋转组合的开合方式:有滑出、折叠式等。要注意与木板套窗、纱窗、窗帘和百叶窗的配合。

· 无法开合的类型:固定式,一般作为展示橱窗使用。

参照:第8章第3节"窗饰"

开合方式同样关系到清扫的便利性。内开、旋转和滑动式的门窗便于进行外侧的清扫。

轴固定不动的类型称为"平开",轴通过托座可以移动的类型称为"滑出"。

2. 各种窗户

为了提高气密性、隔热和隔声等性能,将窗户、拉门、格栅等边框和辅助材料合为一体的物品称为"窗户"(图7-23)。

· 遮雨棚式:可多段滑出的窗户,兼具换气和采光的功能。

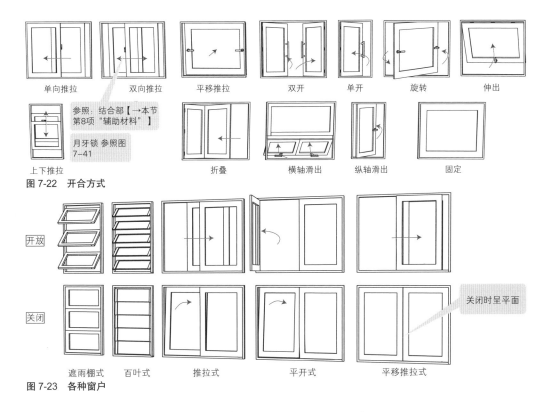

图 7-22　开合方式

单向推拉　双向推拉　平移推拉　双开　单开　旋转　伸出

上下推拉　折叠　横轴滑出　纵轴滑出　固定

参照：结合部【→本节第 8 项 "辅助材料"】

月牙锁 参照图 7-41

开放

关闭

遮雨棚式　百叶式　推拉式　平开式　平移推拉式

图 7-23　各种窗户

关闭时呈平面

分为横轴滑出和纵轴滑出两种,使用小尺寸的窗户可以提高防盗功能。

· **百叶式、遮窗**:通过多片玻璃百叶水平旋转开合的窗户,兼具遮挡视线和换气的功能。没有上下边框,便于露水蒸发。

· **推拉式**:关闭时可以向内侧倾斜,兼具换气和防盗功能。

· **平开式**:关闭时可以向内侧倾斜,兼具换气和防盗功能。

· **平移推拉式**:开窗时,将可动部分先前后移动,然后平行移动打开。关闭时,窗框和可动部分呈一个平面,外表美观。

除图 7-23 中显示的窗户类型外,还有很多其他类型的窗户。

· **提手推拉窗**:用提手操纵的大型推拉门窗。通常用在整面窗上。

· **多重窗**:有多重窗框的窗子,隔热、隔声性能好。

· **双层玻璃窗**:窗框里装有双层玻璃的窗户,隔热性能比普通玻璃强。

因为百叶式窗户没有边框,所以气密性和防盗功能不强。最好能与外部的格子窗等搭配使用。

98

· **中空百叶窗**：双层玻璃间装有百叶窗的类型。

· **木头+铝合金窗**：室内用木头、室外用铝合金，是兼具耐久性和设计感的类型。

· **树脂窗**：材质为耐候性氯化聚乙烯树脂，隔热性好，不容易结露。

参照：第 9 章第 9 节 "玻璃"

3. 门窗、隔扇概要

建筑开口的可动部分是门窗、隔扇。由四周的框架与内侧的镶板组成，称为框组结构，加入门窗、隔扇后构成完整的门窗，给人厚重的印象，镶板会使用玻璃或百叶等。镶嵌在四周用于强化的框架中的镶板叫作平镶板，这样的门称为平板门。这种门重量轻、设计简洁，门板、边框的种类多样（图 7-24）。

门可能需要根据现场的情况进行微调整，有些材质的平板门无法调整尺寸。

框组和门板有时也会用于制作桌子面板等家具。

4. 门框概要

用来装门板的框架叫作门框，用于支撑门板，加强并保护安装部件和周围。也有不安装门板，只有框架的类型。设计时要考虑到内外两侧的设计感、功能和性能，选择尺寸、材料和表面加工时要将门的两侧一起考虑（图 7-25）。

从安全角度考虑，轻便的门在防盗、隔声方面不如厚重的门。

框架和门板的使用频率都很高，而且不易于更换，所以要选择品质好的材料，比如坚硬的木材等。

5. 板门

日本传统门统称板门，分为夹层隔板门、格子门、横木门等（图 7-26）。

· **夹层隔板门**：木板内外都由木格组成，上拉式门。多用于神社寺庙。

· **格子门**：由门框与木条组成的门。有时会安装门板、玻璃等。多用于大门、玄关。

· **横木门**：细边框上安装多条横木，然后贴上薄板，既能保证强度还很轻便。

· **竹帘门**：也叫竹帘，夏拉门。中间嵌入了用胡枝子、莩草、竹子等做成的帘子。既能遮挡阳光又通风，是夏季常用品。

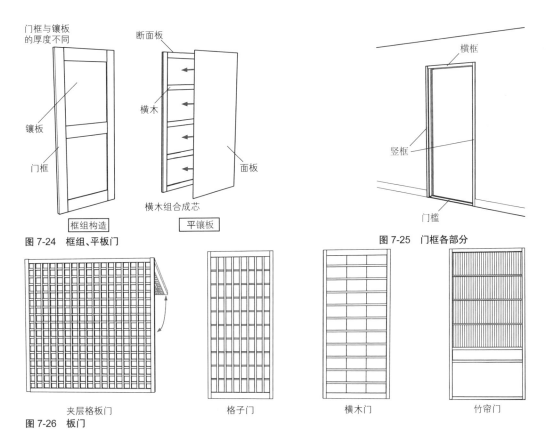

图 7-24 框组、平板门

图 7-25 门框各部分

图 7-26 板门

6. 纸拉门

　　纸拉门是在细木条板门上贴透光性强的纸而做成的门,是可以移动的隔断,除了下文提到的种类之外,还有其他多种类型(图 7–27)。

　　·**整面纸拉门**:整面都装有木条的纸拉门。容易损伤,使用时需要小心。

　　·**半面纸拉门**:为了增加强度以及减少破损,下部换成了护墙板,是最普遍的类型。

　　·**东纸拉门**:用玻璃代替纸的纸拉门。

　　·**镜框纸拉门**:门的一部分嵌入玻璃的纸拉门。

　　·**可动纸拉门**:也叫赏雪纸拉门,门的一部分可以打开看到室外。

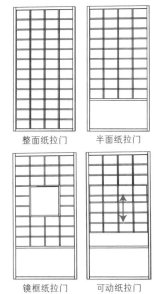

图 7-27 各种纸拉门

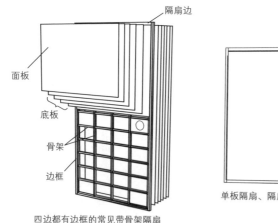

四边都有边框的常见带骨架隔扇

图 7-28 隔扇的构造

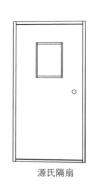

拉手

隔扇边

单板隔扇、隔扇门

无边隔扇

源氏隔扇

图 7-29 各种隔扇

7. 隔扇

隔扇既是一种门,也有移动式隔断的功能。在由边框和骨架组成的内芯上贴多层和纸,四周安装隔扇边。除了下文提到的种类之外,还有其他多种类型(图 7-28、图 7-29)。

· **单板隔扇**:以胶合板作为内芯的种类,便宜结实,但是比较重。

· **隔扇门**:一面使用门板,多用作和室与西式房间之间的隔断。

· **无边隔扇**:没有边框的隔扇,用在茶室的茶道口等处。

· **源氏隔扇**:隔扇的一部分镶嵌了用于采光的和纸。

> 江户时期之后,日本都市住宅大多是出租屋,木板套窗是房东的,而隔扇门和纸拉门一般由租户自己准备。因此,现在的纸拉门和隔扇门的种类就像窗帘一样丰富。

8. 辅助材料

建筑开口会安装很多附属品,用于辅助开合、防盗、防止破损等。有很多外观、便利性、性能各不相同的材料,选择时需要注意各类使用问题(图 7-30)。

> 家具五金同样如此。【→第 8 章 2 节"可移动家具"6. 家具五金】

9. 锁

锁是用来封闭门窗的部件,能起到防盗、保护个人隐私的作用,由操作部分(门把、球形门锁、执手开关锁舌)、闭锁结构(门闩、钥匙、锁盒、锁芯)以及锁槽组成(图 7-31)。

门闩可以防止门因为风力等的外力作用而关闭,包括与操

> 更换门锁有时可以不更换整个锁盒,只更换钥匙和锁芯即可。

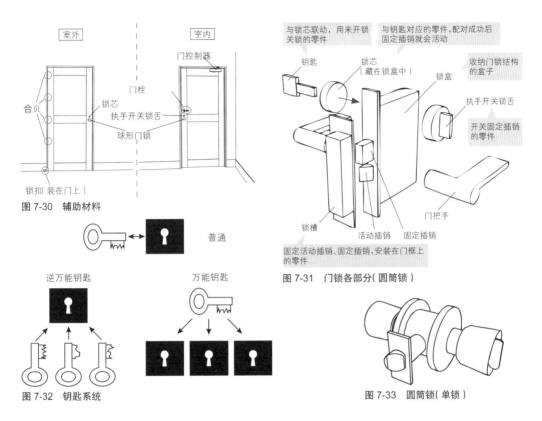

图 7-30　辅助材料

图 7-31　门锁各部分（圆筒锁）

图 7-32　钥匙系统

图 7-33　圆筒锁（单锁）

作部分联动的活动插销和固定在闭合位置的固定插销。

除了锁芯与钥匙——对应的普通门锁，还有能解开多数锁的单体钥匙（万能钥匙），以及被多数钥匙打开的单体锁（逆万能钥匙）等，考虑到防盗性和便利性，钥匙和锁芯有多种对应关系，这就是钥匙系统（图 7-32）。

· **锁的种类**

· **锁盒锁**：活动插销、固定插销和门把一体化，装在一个盒子中的类型，分为嵌在门里的嵌入型和贴在门板上的粘贴型。

· **圆筒锁（单锁）**：用作房间中的锁，活动插销兼做固定插销的门锁（图 7-33）。也有另带固定插销的圆筒锁（整体锁）。

· **固定门锁**：用作辅助门锁、增加门锁，只有固定插销。

· **旋转锁**：通过旋转固定插销的门锁，用在拉门上（图 7-34）。

· **双槽拉门锁**：固定在纵框上的门锁，是与双槽拉门搭配使用的部件（图 7-34）。

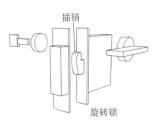

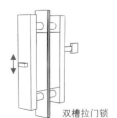

图 7-34　旋转锁、双槽拉门锁

参照：搭配部件【→本章第 5 节"建筑开口"（图 7-22）】

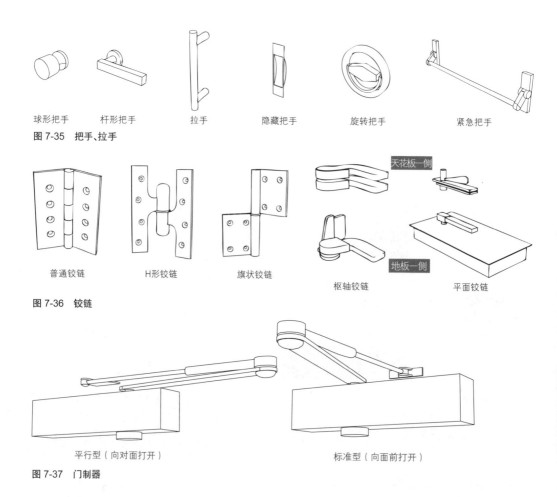

图 7-35　把手、拉手

球形把手　杆形把手　拉手　隐藏把手　旋转把手　紧急把手

图 7-36　铰链

天花板一侧

地板一侧

普通铰链　H形铰链　旗状铰链　枢轴铰链　平面铰链

图 7-37　门制器

平行型（向对面打开）　标准型（向面前打开）

10. 其他零件

· **把手、拉手**：门窗等的操作部分，平开门称为把手，推拉门称为拉手，根据形状、材质、操作方法、用途（功能）不同，有多种多样的类型，如球形把手、杆形把手、拉手、隐藏把手、旋转把手、紧急把手等（图 7-35）。

· **铰链**：平开门、窗户的转轴。分为安装在纵框上的铰链（普通、旗状）以及安装在地板上或上边框上的 H 形铰链和枢轴铰链（图 7-36）。

· **门控制器**：用来减缓门的开关速度的零件。有内开用的标准型，外开用的平行型，以及藏在门内的隐藏型等（图 7-37）。

· **门钩**：上下拉门的部件。由轨道、滑轮和制动（引导槽、引

把手、拉手既要考虑日常的设计感，也要考虑异常情况下的功能性。旋转把手和紧急把手一般会用在避难通道上的防灾门上，日常生活中几乎接触不到。

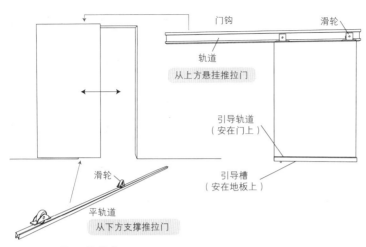

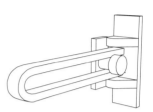

门钩　滑轮

轨道

从上方悬挂推拉门

引导轨道
（安在门上）

引导槽
（安在地板上）

滑轮

平轨道

从下方支撑推拉门

图 7-38　门钩、滑轮、轨道

图 7-39　安全门链

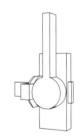

图 7-40　猫眼

导轨道）组成，有时为了设置无障碍设施，地面上不安装轨道。

·**滑轮、轨道**：用在推拉门上，让门更顺畅地开合的零件。根据不同承重和安装地点，轨道和滑轮的形状、尺寸、材质、结构各不相同。多使用在地板中嵌入 V 形截面的轨道，因为不容易卡顿（图 7-38）。

除此之外还有很多用在门窗等上面的零件（图 7-39~图 7-44）。

·**安全门链**：让平开门只能开到一定程度，或者阻止自动闭合的门锁住的零件，有防盗、换气、管理的功能（图 7-39）。

·**猫眼**：在门关闭的状态下也能看到外部情况的五金零件，用在玄关门等地方（图 7-40）。

图 7-41　月牙锁

·**月牙锁**：安在推拉窗框等地方，有提高密闭性及防盗的作用（图 7-41）。

·**固定器（安装在门上）**：防止当门打开时，与墙壁等接触导致破损的零件（图 7-42）。

·**平头插销**：通过门上的推杆，能推动门闩上下移动，插入门的上边框或门槛中的五金零件，用在双开门中平时不常打开的一侧（图 7-43）。

·**通天插销**：上下移动门闩，插入安装在上边框的锁槽中，用来锁门的五金零件，用在双开门等处（图 7-44）。

图 7-42　固定器（安装在门上）

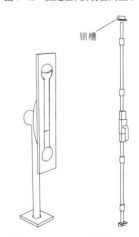

锁槽

图 7-43
平头插销

图 7-44
通天插销

第 8 章

功能性元素、设备

从可移动的家具、器具、窗饰到生活用品、装饰品、植物、收藏品等，室内的所有物品都会成室内设计的元素。比如桌布就会在用餐时，与酒杯、盘子及刀叉组合在一起（图 8-1），如果与家具、装饰、日用品、内部装修搭配得好，就能提高用餐的效果。（图由 Komaneka 拍摄于巴厘岛圣猴森林公园）

第 1 节　照明工具

在适度的光线下，人可以随心所欲地活动。没有光明就没有现代生活，照明是生活环境的基础设施。

1. 整体照明、局部照明

和同样亮度的照明相比，有适当明暗对比的情况，人的视线会被诱导到明亮的地方。利用这种原理，通过降低目标以外的亮度，可以兼顾舒适性和节能效果。目标以外，即整个环境的照明，是整体照明，或者叫作环境照明；照亮目标的照明是局部照明，或者叫作工作照明（图 8–2）。

2. 照明工具与配光特性

照明工具分为适合照亮目标的局部照明工具，以及适合通过反射，扩散的光线照亮整个环境的整体照明工具，或者同时拥有适合两者的特性。这种特性被称为配光特性，分别叫作直

图 8-1　桌面布置

通过元素之间不同的组合，可以呈现出多种多样的氛围。

参照：照明概要【→第 4 章第 7 节"电力设备"】。

图 8-2 书桌、环境照明

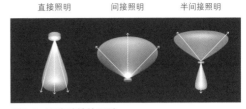

图 8-3 配光特性的区别

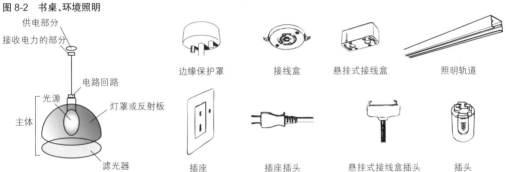

图 8-4 照明器具的构成与电源连接部分的种类

接照明器具、间接照明器具、半间接照明器具,这种区别可以帮助用户根据使用目的进行选择(图 8-3)。

3. 照明工具的构造与种类

照明工具由主体、灯罩、反射板、滤光器和光源组成,大多以电为能源,与电源的连接方式多种多样,需要注意适配性(图 8-4)。

灯罩、反射板和滤光器是用来控制光线的部件,通过对光源进行反射、穿透、扩散、折射、吸收等操作,改变配光特性(图 8-5)。

光源分为充填气体的电极玻璃球、半导体芯片、高分子聚合物薄膜等,分别利用不同的原理和物质特性发光。

另外,还有燃烧木头、蜡烛、酒精等燃料制造出的舞台照明,在停电等非常时期使用的灯,紧急情况以及避难时使用的引导照明。

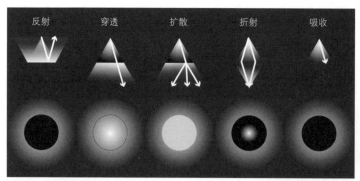

图 8-5　光的控制操作

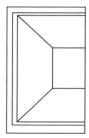

| 檐口灯 | 檐板照明 | 窗帘照明 | 发光顶棚、发光壁、发光地板（渐变式） | 发光顶棚、发光壁、发光地板（平板式） |

图 8-6　建筑化照明

4. 建筑化照明

　　利用天花板、墙壁、地板的反射、扩散、穿透效果照亮天花板、墙壁、地板、窗帘等的间接照明叫作建筑化照明（图 8-6）。有从墙壁凹槽中照亮天花板和地板的檐口灯、从天花板的凹槽照亮墙壁的檐板照明、从窗帘盒或者帘布里照亮墙壁和天花板的窗帘照明。另外，通过具有穿透性、反射性的表面材料，让天花板、墙壁、地板的全部或部分发光的方式称为发光天花板、发光壁、发光地板。

5. 主要照明工具的种类

　　照射物体的直接照明有筒灯、射灯。整体照明通过折射来放大、扩散光源，有枝形吊灯、天花板灯，塑造环境的间接照明有脚灯等。直接、间接、半间接的复合型照明有吊灯、壁灯、台灯等，可以将它们搭配使用（图 8-7）。

参照：窗帘【→本章第 3 节"窗饰"（图 8-17）】

　　在阳光的照射下透出柔光线的纸拉门或许也可以说是一种发光壁。

参照：配灯模拟【→第 13 章】

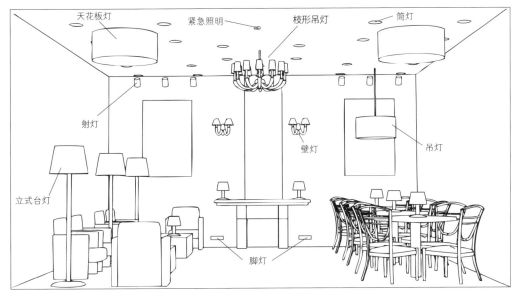

图 8-7　主要照明器具

6. 光源（表 8–1）

· 荧光灯

荧光灯是两端装有电极，内壁涂抹荧光物质的玻璃管。中间封入气体，在两端加电压后会产生紫外线，刺激荧光物质，让整个灯管发光。因为电极负荷小，所以效率比白炽灯泡高，寿命较长，不过需要启动回路和安定器，适应性及显色性差。另外，频繁开关会缩短寿命。有的荧光灯通过不同色温、不同荧光物质的组合等提高了**显色性**，也有内置启动回路、安定器的产品，可以代替白炽灯泡。

> 参照：关于光和颜色【→第6章第4节"什么是颜色"】

> 参照：显色性【→第4章第7节"电力设备"】

· 高压气体放电灯（HID）

内置高温发光管的玻璃球。封入的气体会通过放电发光。光量大、亮度大、寿命长，根据气体的种类、浓度不同，显色性、发光效率、寿命会发生改变。需要启动器和安定器，从启动到稳定发光，或者暂时关闭后再启动需要一定时间。另外，有些灯的安装方向是固定的，比如金卤灯、水银灯、高压钠灯等。

· LED

发光半导体芯片。结构简单，小巧便捷，可以在低电压下启动，发光效率高，节能，寿命长，容易控制色温和显色性。由

表 8-1 光源的种类

名称		图片	寿命(小时)	启动时间	照明电路	调光	节能性	特点
荧光灯	管型		8000~12000	花费数秒	需要	部分可(通常不可)	★★	扩散光
	灯泡型		6000~8000			不可		可以代替二氧化硅灯
高压气体放电灯(HID)	金卤灯		6000~16000	需要一定的时间	需要	部分可(通常不可)	★★	高亮度、大光量
	水银灯		6000~12000					低显色、大光量、寿命长
	高压钠灯		9000~24000					低显色、大光量、寿命超长
LED			40000	立刻点亮	需要	部分可(通常不可)	★★★	超小型、高效率、色温可控
电致发光			8000~40000	立刻点亮	需要	部分可	★	形状轻薄、全面扩散光

注:参考远藤照明股份有限公司"光的网络杂志《光育》"制作。

于 LED 是半导体,所以不耐高温,从原理上不适合需要高明度、大光量的场合。有与照明器具一体化的产品,可以代替荧光灯和白炽灯泡。

· 电致发光

加压后发光的有机、无机、低分子、高分子聚合物膜。可用于制造灯具或者显示屏。

第2节 可移动家具

家具用来支撑身体或器物、收纳物品,规定了人的动作、行为及空间用途。

很多家具可以翻新、改造,并通过更换面板等表面材料进行更新。

在进行建筑、城市规划时,要考虑放置地点,内容物的形状、数量、寻找及取用便利性等,合理平衡功能性和布局美观。

就像我们会用到"老板椅"和"会议桌"等词语,家具不仅具有功能性,还具有社会认知、行为象征的功能。

餐椅　　凳子　　沙发　　办公椅　　叠椅（可堆叠）

安乐椅　　贵妃榻　　长椅　　折叠椅（可折叠）

图 8-8　椅子的种类与功能

面板

桌腿

餐桌　　茶几　　套几　　蝴蝶桌

图 8-9　各种桌子

1. 椅子

　　椅子在工作、吃饭、休息时用于支撑腰腿部，保持姿势。根据放置地点、用途和形状不同，有餐椅、安乐椅、凳子、贵妃榻、沙发、办公椅、长椅等类型，另外还有增加了附加功能的**套椅**（可叠放收纳）及**折叠椅**等（图 8-8）。

2. 办公桌、桌子

　　办公桌、圆桌是工作、聚会、吃饭、聊天、读书、游戏时，暂时摆放工具和小物件的地方。只能朝同一方向坐的是办公桌，一般的桌子则可以让人们面对面围坐，根据放置地点和使用方式不同，有餐桌、操作台、茶几、边桌、床头柜等类型。另外，还有增加了附加功能的**套几**（嵌套式）、**蝴蝶桌**（面板可折叠式）等（图 8-9）。桌椅等家具不仅有成品，还可以设计出适合所在空间的独一无二的产品，这样会让空间更加丰富多彩。不同厂家的要求有所不同，基本上只要制造 50 个以上的产品，就

还有像鸟居椅子（图 8-10）那样，能够展现创意的产品。

图 8-10　为某个神社制作的，模仿大鸟居形状的椅子（桥口新一郎设计）。充分利用了靠背的弧度，从后面看上去像一座鸟居。

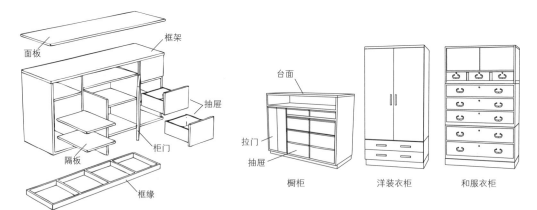

图 8-11　用于收纳的家具的各部分名称　　　　图 8-12　各种用于收纳的家具

可以用与成品同样的价格买到原创产品。

3. 用于收纳的家具

　　收纳家具根据各个房间的用途不同,用来收纳、保管及展示房间中的工具、小物件和装饰品等。对于收纳来说,在确保合适的容量和形状的同时,便于寻找、拿取同样重要。根据不同的放置地点和用途,市面上有各种外形尺寸的成品,适合收纳不同种类、尺寸和数量的内容物,不过为了最大限度地适应放置地点和内容,也可以选择定制。

4. 用于收纳的家具构造

　　由天然木材、框架、平板门【→第 7 章第 5 节"建筑开口"图 7-24 】的面板组成的柜体(框架)以及支撑部分(框缘、腿)组成,面板、隔板、柜门和抽屉等要根据内容物及造型进行设计(图 8-11、图 8-12)。

> 和窗户一样,轴固定不动的门是平开门,通过推动轴运动的门是滑出式门。【→第 7 章 】。

5. 床

　　床用来休息、睡眠,由床架、搁板、床垫组成,带有床头板、床尾板、弹簧等部件。床的分类方式很多,可分为带床头板和床尾板的欧式床,只有床头板的好莱坞式床,没有那些部分、只有搁板的酒店式床。还可以分为由床垫和搁板组成的单层缓冲床、由弹簧和搁板组成的双层缓冲床。另外,根据不同尺寸,

以不同名称命名(图 8–13、图 8–14)。不会让人感到狭窄的
宽度一般是肩宽加上 300mm 左右。

6. 家具五金

　　家具五金用于组装、移动、强化、保护家具。加强功能的五
金、辅助零件,除了文中介绍的种类之外,还开发出了各种具备
新型功能的产品(图 8–15)。

　　· **装配五金**:收纳、组装式家具等在放置地点安装,为了方
便搬运、入户而使用。用卡子和凸轮等简单工具的组合,将家
具的部件紧紧连接在一起。

　　· **铰链**:用作门轴。除了长铰链、内置于门扇切面中的铰
链、关闭时看不到金属部分的隐藏铰链之外,还有各种各样的
类型。【→第 7 章第 5 节"建筑开口"10. 其他零件】

　　· **滑动铰链**:用在滑门上。通过滑动轴部开门。便于安
装、拆卸和调整,分为嵌入和露出两种。

　　· **支撑杆**:用于加强折叠面板,保持水平。

　　· **门吸、挂钩**:用于防止门被打开。

　　· **锁**:装在抽屉、陈列柜上,用于安保和管理。【→第 7 章
第 5 节"建筑开口"9. 锁】。

　　· **滑轨**:便于抽屉更顺畅地抽出。

　　· **拉手、把手**:安装于门、抽屉上。有按压式、嵌入式、拉出

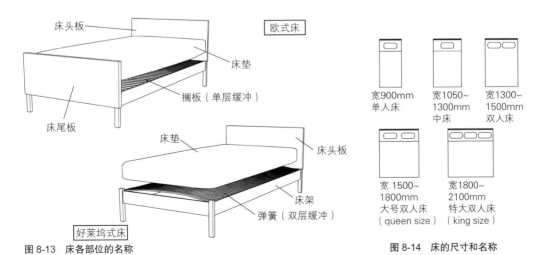

图 8-13　床各部位的名称

图 8-14　床的尺寸和名称

式等。

· **脚底五金**：装在手推车、椅子的脚面或底面。有调节高度的调节器、保护地板的缓冲垫和垫片、可切换移动及固定模式的脚轮等。

另外，还有为了防止地震时收容物飞散的挂钩、防止高处家具滑落的铁箍、防止柜子等高大家具倒下而装在家具与天花板之间的顶棍、安装在墙上固定家具的皮带等（图8-16）。

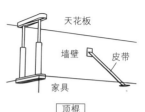

顶棍

7. 家具的注意点

一般来说，家具在使用时会静止放置在房间内，普遍比建筑部分脆弱，因此使用时需要注意以下几点：

· 避免阳光长时间直射，避免冷暖气直吹，防水防潮。

· 要放在水平面上，不要施加斜向等不该有的外力。

· 要适时擦拭灰尘和污渍，保持干净。

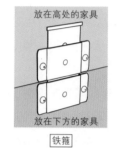

放在高处的家具

放在下方的家具

铁箍

图8-16 地震时的应对措施

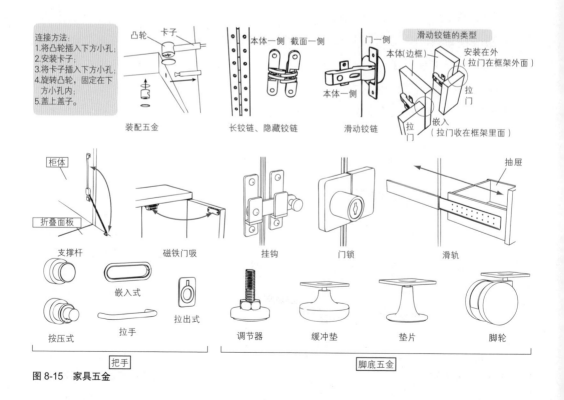

连接方法：
1.将凸轮插入下方小孔；
2.安装卡子；
3.将卡子插入下方小孔；
4.旋转凸轮，固定在下方小孔内；
5.盖上盖子。

凸轮　卡子

装配五金

本体一侧　截面一侧

长铰链、隐藏铰链

门一侧

本体一侧

滑动铰链

滑动铰链的类型

本体（边框）

安装在外
（拉门在框架外面）

拉门

嵌入
（拉门收在框架里面）

拉门

柜体

折叠面板

支撑杆

磁铁门吸

挂钩

门锁

抽屉

滑轨

嵌入式

拉出式

按压式

拉手

调节器

缓冲垫

垫片

脚轮

把手

脚底五金

图8-15 家具五金

第 3 节　窗饰

建筑开口特别是窗户上附加的物品统称窗饰。在进行风格、颜色、搭配等设计感的同时,兼具控制日照、采光、视线、声音及调节空气的功能。

1. 窗帘

窗帘是水平开合的布料,功能多样,可作为装饰、遮挡视线、遮挡阳光,可隔热、吸声等。因此,窗帘的材质、缝纫方法、剪裁方法、颜色、花纹、图案和厚度种类繁多,可以搭配多种风格,满足各类需求。

2. 窗帘各部分的名称与附件

悬挂部分是安装在顶部的零件,包括滑轨、滑轮、挂钩、装饰杆、帘头。中间部分是窗帘主体,帘布上会有流苏、悬挂帘布的窗缨或者窗帘扣等部件。下摆称为底面,有平边、下摆装饰等部件。顶部、本体、底面分别有多种类型、变化和选择(图 8-17)。

· **窗帘滑轨**:安装在窗框上,和可动滑轮、挂钩等一起用于悬挂窗帘本体。有单层窗帘用的单滑轮和双层窗帘用的双滑轮,可以安装在墙上,也可以安装在天花板和窗框下方,既能搭配重视设计感的装饰杆,也能搭配曲面窗帘等。

· **挂钩**:安装在窗帘本体上,用于悬挂滑轮的部件。有多种类型,如:安装在天花板上,滑轨从窗帘上方伸出的类型;安装在正面,能遮住滑轨的类型;可以调整高度的可调节挂钩等(图 8-17)。

· **窗帘褶**:将布料叠在一起后形成的褶皱。除了能展现出柔软性和重量感之外,还能提高隔热性与隔声性。打褶方法多种多样,如无褶、方褶等,根据褶皱倍数,要准备 1~3 倍宽度的布料(图 8-18)。

· **布边**:和带子一起安装在下摆,起到保护褶边、防止窗帘

参照:家具的涂装【 →第 9 章第 5 节"涂料" 】

选择窗饰时不仅要考虑室内,还要考虑打开时从室外看到的状态。

窗饰会影响到窗子的开合、打开方向等,要注意搭配。

欧式窗帘的部件与和室中的隔扇、纸拉门、隔断装饰一样,种类多样。

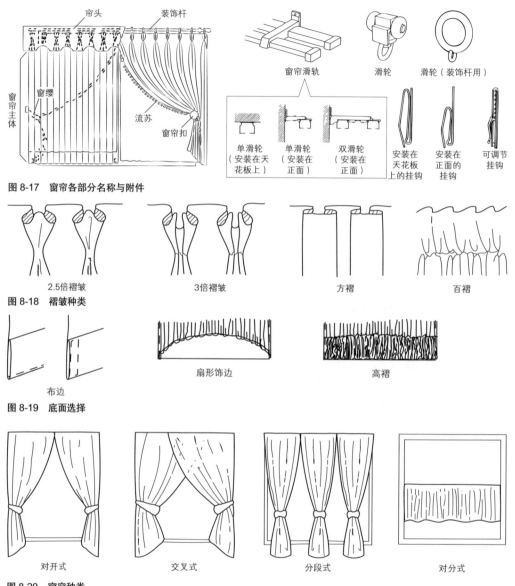

图 8-17 窗帘各部分名称与附件

图 8-18 褶皱种类

2.5倍褶皱　　3倍褶皱　　方褶　　百褶

布边

扇形饰边　　高褶

图 8-19 底面选择

对开式　　交叉式　　分段式　　对分式

图 8-20 窗帘种类

布过于分散的作用。

底部的缝制方法有成圆弧状的扇形饰边、加入百褶的高褶饰边等风格（图 8-19 ）。

窗帘整体的悬挂方法有对开式、交叉式、分段式和对分式等（图 8-20 ）。

3. 根据窗帘材质的分类

窗帘根据布料的厚度和结构,可以分为以下几种:

· **布帘**:遮光、隔声、保温性能好,材质较厚。凭借编织和染色呈现丰富的配色,从多样的图案到重复图案、净版等样式应有尽有。另外,还有通过增加衬布等方式提高遮光性的类型。

· **透光窗帘**:在不同的明暗情况下,作用会发生改变,材质较薄。从光线明亮的一侧反射阳光、视线,起到遮挡视线的作用,从昏暗的一侧能透过窗帘看到另一侧。

· **蕾丝窗帘**:编织布做成的透明窗帘。编织图案丰富,比透光窗帘更透明。

· **半透明窗帘**:经常作为单层帘布使用,厚度介于布帘和透光窗帘之间,不仅能透光,而且遮挡视线。

透光窗帘的效果在一些细格子窗和纱窗等产品上也能看到。

4. 遮光帘(罗马帘)

遮光帘是垂直开合的帘布,和窗帘作用相同。有平开式、折叠式、孔雀式、气球式、奥地利式等,不同的升降结构和布料制作方式让遮光帘风格多样,从简洁的样式到繁复的样式应有尽有(图 8-21)。

5. 幕布

幕布除了作为窗饰之外,还可以用作隔断、投影幕布、招牌板。幕布能够遮挡阳光等光线,遮挡视线,接受投影,用作可移动隔断或者关店标识牌等。有上卷式的卷帘幕布,横拉式的平板幕布,折叠式升降开合的折叠幕布,以及横截面为五角形或六角形、提高了保温性能的蜂巢幕布等(图 8-22)。

日本住宅多用双槽推拉窗,因此遮光帘搭配窗帘更好用。最合适的使用方法就是将遮光帘和卷帘幕布关闭一部分来调节光照。

此外,还有无纺布、纸、细竹片等材质的幕布,种类多样,既有遮光性好的厚幕布,也有透光性高的薄幕布。

使用历史悠久的细竹片帘和竹帘,也可以说是卷帘幕布的一种。

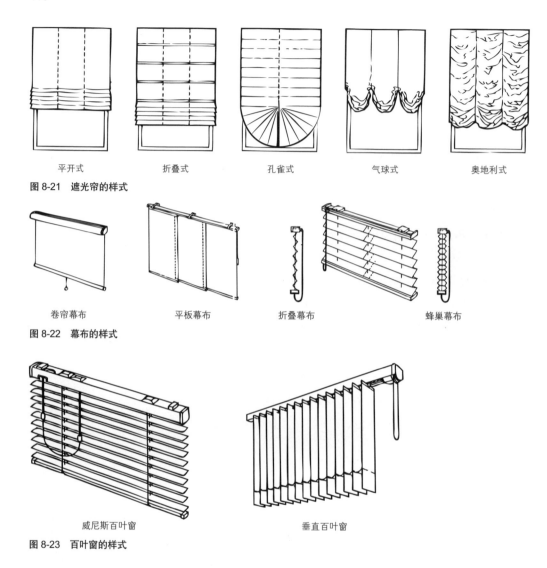

| 平开式 | 折叠式 | 孔雀式 | 气球式 | 奥地利式 |

图 8-21　遮光帘的样式

| 卷帘幕布 | 平板幕布 | 折叠幕布 | 蜂巢幕布 |

图 8-22　幕布的样式

| 威尼斯百叶窗 | 垂直百叶窗 |

图 8-23　百叶窗的样式

6. 百叶窗

　　百叶窗是通过旋转、移动叶片（百叶）来调节光线、控制开合的窗帘，特点是即使关闭百叶窗时也可以通过调节叶片来调光。

　　通过水平百叶片（宽度 25~50 mm）实现升降、开合的是威尼斯百叶窗，通过垂直百叶片（宽度 50~120 mm）横向开合的是垂直百叶窗。金属或木质薄板叶片多用于威尼斯百叶窗，布料等材质多用于垂直百叶窗，颜色种类丰富多彩（图8-23）。

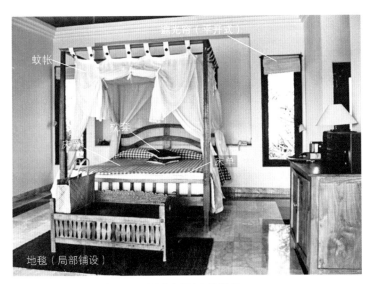

图 8-24　巴厘岛圣猴森林公园科曼内卡酒店织物搭配

第 4 节　布料、织物

除了窗饰之外,室内还会有众多布制品,这些统称为纺织品(图 8-24)。

比如天花板、墙壁表面的壁布,床品、家具日常用的罩,门帘、挂毯、蚊帐等挂饰,小地毯垫、地毯、席子等铺地用品,实际使用纺织品的场合非常多。

1. 地毯及同类产品

地毯起源于中亚,是一种铺在地上的针织品,以棉麻作为基础布,在此之上添加绢、羊毛等天然纤维或者人造丝、尼龙、聚丙烯纤维、聚酯纤维等合成纤维做成的毛织物。另外,也有毛皮、剑麻、藤做成的平纹织物。毛毡、手织绒毯可以作为地毯使用。地毯原本是移动的生活工具,只会铺在必要的地方(局部铺设),现在也有铺在整个房间中的使用方法,既可以作为日用品,也可以作为软装的一部分。

2. 地毯的制造方法、种类

地毯分为手工织成的工艺地毯和机器织成的工业地毯,是

纺织品有双重含义,一是指布制品,一是指布料本身。布料经过抽丝、织布、印染后的成品是纺织品。

窗帘和遮光帘也是布制品,不过人们习惯将它们当成窗饰。

近几年,出现了可以直接在铺好的地毯上重新染色、重新编织的技术。过去,旧地毯一直是产业废弃物,处理起来十分困难。

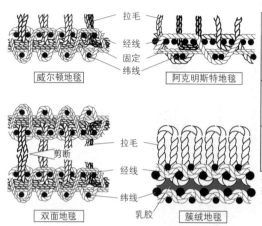

表 8-2　拉毛的截面

长度	环状	混合	剪切
短			
混合		※1	
长			※2

※1：高切低环。
※2：根据拉毛的长度、弯曲程度不同名称不同，有刷毛、紧捻细绒线、长毛绒等。

图 8-25　地毯结构截面

在经线底子上钩织纬线和拉毛织物制成的。手工毯有土耳其、伊朗、印度、中国、日本佐贺等出产的绒毯，还有钩毯（手工簇绒毯）等（图 8-25）。另外，机器织布有以下几种类型：

・**威尔顿地毯**：18 世纪，在英国威尔顿被制造出的地毯，使用可以同时织底布和 2~5 种颜色拉毛的纺织机织成，也有可以双面纺织，从中间分开后能得到两张地毯的种类。

・**阿克明斯特地毯**：和威尔顿地毯同样发源于英国，由可以同时织底布和拉毛的纺织机织成，有能使用 8~12 种颜色的片梭纺织机，以及理论上对颜色种类没有限制的卷纺织机，特点是配色丰富。

・**簇绒地毯**：底布上涂有乳胶，防止拉毛脱落，生产效率高。可以切割成瓷砖的形状，作为瓷砖地毯。

拉毛的长度和尖端切割方式不同，外表和触感会发生改变，颜色和花纹图案也会出现不同的纹理和效果，可利用各种方式的特点，生产出丰富多样的品种。普遍来说，不切断的环状拉毛寿命长、弹性好，适合公共场所；切断拉毛后表面柔软，触感好，适合私人场所（表 8-2）。

另外，还有使用无纺布制作的，用针挑起纤维织成的针刺地毯。

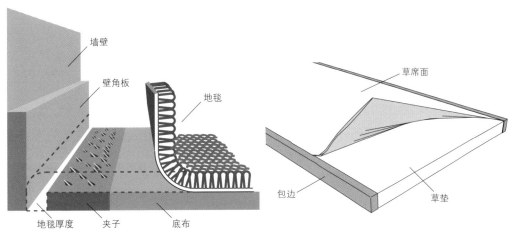

图 8-26 固定式工艺

图 8-27 榻榻米的结构

3. 地毯的铺设

房间地面满铺的方法有以下几种:

· **固定式工艺**:将毛毡等底布用夹子(压板)固定在房间四角。隔热、隔声、缓冲性好,是最普遍的工艺(图 8-26)。

· **粘贴工艺**:用胶、双面胶固定,适用于瓷砖形状的地毯。也有容易剥离的可剥除工艺。

· **活动式工艺**:配合房间的形状剪好地毯后,进行包边、用胶带锁边等防绽线处理。

4. 榻榻米

榻榻米是和室中使用的草质地的铺设物,由草席面、草垫、包边组成。草席面是保护灯芯草的罩子,颜色、图案种类多样(图 8-27)。一张榻榻米的厚度在 55~60 mm 之间,各地区的宽度和长度略有差别【→第 3 章第 2 节图 3-8】。另外,还有无包边的琉球榻榻米、坊主榻榻米、无边榻榻米,以及没有草垫的"薄席",用来铺在局部地面。

铺法有边缘呈 T 形交叉的庆祝仪式的铺法,以及十字形交叉的非仪式铺法,有些地区在举办葬礼等不吉利的仪式时,会将榻榻米改为非仪式铺法(图 8-28)。

榻榻米既是地毯又是垫子,在过去的出租房中,榻榻米和隔扇、纸拉门一样,都是房客的所有物和财产。

第 5 节　装饰品

装饰品是摆设、杂货、艺术品等的总称,用于不同时期、场合起到装饰作用。分为绿植、视觉艺术品(绘画、海报、照片、版画、书法、挂轴、鱼拓等)、工艺品(雕像、塑像、布艺、木工、漆器、玻璃工艺品、陶瓷工艺品、金工、古董等)、杂货、运动用品、奖杯、香薰、音响设备、模型、书籍、唱片等多个种类(图8-29)。

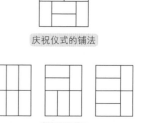

庆祝仪式的铺法

非仪式铺法

图 8-28　庆祝仪式的铺法、非仪式铺法

工艺品(玻璃工艺品、瓷器、木雕等)

视觉艺术品

挂毯

室内绿植

摆件

花艺

花艺

桌布

布艺

图 8-29　各种装饰品

第 6 节　标志及信息

标志是指招牌、门牌、指示牌等,用来告诉行人、访客等不特定多数人该建筑的名称、服务对象、所有者和位置等信息,促进交流,为寻求信息的人提供信息,起到引导作用。它通过文字、符号、颜色、物体等的组合,提供信息、指示引导、传递思想与概念。

标志既有壁挂标志、正面标志、门牌等常设类型,也有门

标志、商标是组成外观的重要因素,并非越醒目越好。

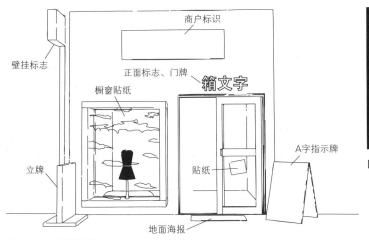

壁挂标志

正面标志、门牌

商户标识

橱窗贴纸

箱文字

立牌

贴纸

A字指示牌

地面海报

图 8-30　标志的种类

图 8-31　避难引导标志

帘、A 字指示牌标志、立牌、地面海报、贴纸(POP)等临时设置的类型。有加入灯光的内照式、点灭式,以及从外侧照明的外照式等多种类型(图 8-30)。

从营造景观的角度来看,有些地区对室外广告及建筑外观有法律及规定的限制。每个地区,从室外能看到的所有视觉上的引导物的面积、与外墙面积的比例、配色、照明等的引导线,在规划时都要进行事先协商,确保能够顺利实施。

另外,商业设施建筑物有义务遵守法规,设置紧急时刻的避难引导标志(图 8-31),合理配置这些标志同样是设计的重点。

构成内饰的材料有很多种,那是前辈们不断试错探索、凝结智慧与苦心钻研的结果。在满足设计感、感受性、功能性等各种要求的同时,还需要了解材料的特点和局限。另外,高性能的材料会对提高建筑物的性能做出贡献。(图为大阪铭木协同组合滨场)

第1节 材料

材料分为涂料、灰浆、土等具有流动性,不定形的种类;像布料一样具有复原性,能够改变形状的种类;以及像石头和木头一样具有稳定性,固定形状的种类。另外,材料有块状(块)、轴状(棒)及面状(板),组合块状材料叫作垒砌,组合棒状材料叫作搭建,安装板状材料叫作粘贴,使用时需要将这些材料结合,或通过切削来做出想要的形状(图 9-1)。这些材料都是组合成型用的结构材料。

材料的长边相连接、变得更长的过程叫作"接",横面相连接、扩大面积的过程叫作"连",各个连接部位需要进行接口加工,做出更长更宽的材料(图 9-2)。另外,用于连接的黏合剂、五金、钉子和螺丝等零件称为黏合材料。

图 9-1　材料及其组合

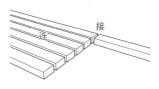

图 9-2　连、接

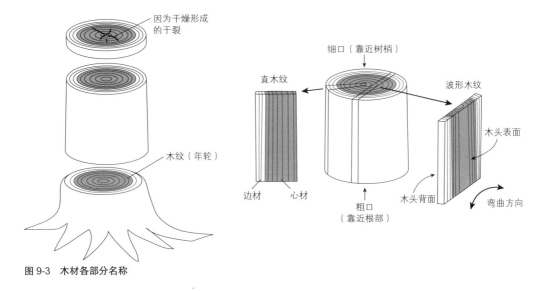

图 9-3 木材各部分名称

第 2 节 木材及木制品

木材是来源于树木的天然材料。其外观与触感良好,兼具强度与耐久性,可以直接使用无加工的木材或加工后的木制品用于结构、地基或表面材料。

1. 木材的特点及各部分名称

由于环境、生长条件不同,树木的年轮、密度、节疤等品质会有所不同。砍伐后,经过收缩变形,尺寸稳定的圆木在加工的过程中也有可能出现裂痕。圆木会在保持强度的基础上,根据空气湿度发生膨胀或收缩。

以下列出木材各部分的名称(图 9-3)。

·**细口、粗口**:圆木靠近树根的一侧叫作粗口,靠近树梢的一侧叫作细口,细口的直径是圆木的直径。

·**木纹**:出现在横截面上的树木的成长痕迹。水平方向是轮状的年轮,垂直方向是平行的直木纹或者放射线状的波形木纹。

·**木理**:根据树种、成长环境、切断部分、方向不同,除了木纹之外出现的其他图案叫作木理。木理独特的木材是上等木材,是珍贵的装饰材料。

木头所含水分的重量比例叫作含水率。生木的含水率在 40% 左右,圆木大约下降到 15%。这种状态叫作自然干燥状态,形状稳定,不易产生弯曲、开裂现象。

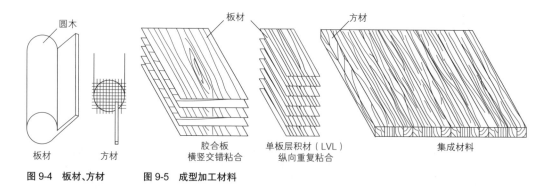

图 9-4 板材、方材　　图 9-5 成型加工材料

・**边材、心材**：靠近树木表面部位的木材是边材，靠近树木中心部位的木材是心材，在同一段圆木中，组织致密的心材耐久性更强。不过木头表面的木纹形状更好，边材的含水率高，干燥后会向木材表面弯曲。

2. 针叶树与阔叶树

　　树木大致分为两类：杉树、松树、柏树等轻而柔软的针叶树，以及榉树、栎树、橡树等重而坚固的阔叶树。针叶树一般木纹整齐，用作结构材料和室内装饰；阔叶树的木纹丰富多姿，富有装饰性，一般用作家具、设计和装饰。

3. 木制加工品

　　去除木材的不均一性，重新构成后，可以作为结构材料、基础材料或者表面材料（图 9–4、图 9–5 ）。

　　・**板材**：圆木削成的薄板是板材，横竖交错黏合后成为胶合板，纵向交叠黏合拼接后成为单板层积材（LVL ）。

　　・**方材**：四方形的材料是方材，拼接后是集成材料。

　　・**地板**：木质地板原材料与其表面材料叫作地板材料，厚度为 12~18 mm，宽度为 50~180 mm，一般会经过榫卯加工工序，填补材料之间缝隙。有在胶合板上贴一层表面材料的类型，有将马赛克形状的木片组合在一起的马赛克拼花地板，也有搭配地暖使用的地板（图 9–6 ）。

树种请参考第 13 章（图 13-5）。另外，日本木材表示推进协会能看到详细信息。

阔叶树中也有桐树这种较轻的木材，针叶树中也有屋久杉这种木理复杂的木材，不同树种的特点各不相同。

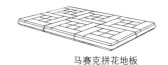

马赛克拼花地板

榫卯（接缝）

图 9-6 榫卯加工及马赛克拼花地板

·**护墙板、原木黏合装饰板**:护墙板在实木板上进行榫卯等加工工序,让木板更容易连接。原木黏合装饰板是在胶合板或者集成材料的芯表层粘贴一层作为表面材料的薄板(单板),作为墙壁、家具、天花板等的表面材料。

·**纸**:将木质纤维分解抄制后制成的材料,分为工业化的机械抄纸和工艺手工抄纸。另外还有以纸浆为原料的西洋纸,将小构树、雁皮、黄瑞香的树皮分开晒干抄成的和纸。西洋纸可以在上色、印上图案后用作壁纸,和纸则作为纸拉门和隔扇的打底材料和表面材料。

纸的种类很多、每个产地都有,颜色有纯白、彩色和加入图案、纹路的,表面有光滑、粗糙、刷云母等。

昂贵的装饰材料也由胶合加工,使用的薄板叫作单板。

纸拉门这种面积大的纸,无论是手工抄纸还是机器抄纸大多都会使用越前和纸。隔扇等面积小的纸则可以使用美浓、土佐等地的手抄和纸,不过大多会使用机器抄纸。

4.其他木质材料

·**刨花板**:将木材粉碎成小片,用黏合剂粘在一起成型,用作家具底板等。

·**纤维板**:将木材分解成纤维状后热压成型的板子。根据密度不同,分为硬木板、中密度纤维板(MDF)、隔热板等,用作心材、打底材料、内板等。

·**木片水泥板、木丝板**:将木头碎片压缩成形,用水泥浆加固的板材,作为隔声材料,或者需要耐火性的打底材料等。

·**工程木**:目的是保持统一强度,减少浪费,选取小片加工的木材叠压成型,根据结构和用途可分为单板层积材(LVL)、单板条定向层积材(PSL),用作结构面板的是定向结构刨花板(OSB),用作基础材料的是屋面板(WB)。

·**软木**:栎树树皮经过再加工后的材料,用作墙壁、地板的表面材料。

另外,竹、藤可用于家具材料,灯芯草可用于榻榻米的制作。

参照:防火材料【→本章第11节"功能性材料"】

单板层积材(LVL)加工成棒状后,可以作为梁木等结构材料。

表 9-1　主要纤维的特点

种类	特点
棉	吸水性好,易染色、显色清晰,结实耐热,收缩后会出现褶皱
麻	透气性好,吸水性强,清凉。容易起皱
绢	有光泽,保湿性、保温性、透气性好,触感舒适。不耐热,容易皱缩
羊毛	保温性、伸缩性、弹性好,吸收湿气收缩后不易产生褶皱
人造纤维	由木材纤维制成,富有光泽,吸水性好,易染色。收缩后会出现褶皱
铜氨纤维	棉布的再生纤维,富有光泽,结实,吸水性好,容易起皱
醋酸纤维	以木材纤维和醋酸为原料。结实,不易收缩,可溶于稀释剂
尼龙	易染色,弹性好,吸湿性弱,不易起皱。不耐热,在长时间的阳光照射后会发黄
丙烯酸纤维	轻薄,弹性好,吸湿性弱,不易起皱。不耐热
聚酯纤维	可以与天然纤维搭配使用。结实,吸湿性弱,不易起皱,容易脏
聚丙烯纤维	便宜、轻薄,结实。吸湿性弱,不易染色,不耐阳光,不耐热
聚乙烯醇纤维	吸湿性、保温性、耐光性好,不易燃

第 3 节　纺织品

　　用各种纤维制成布的过程叫作纺织,根据材料、纺线方法、制成布料的方法、染色法、二次加工的方法不同,可以制造出外观、手感、质感、功能、用途各异的各种布料。

1. 纤维与丝

　　纤维是线的原料,微小细长,分为化学合成品化学纤维和来自生物的天然纤维(表 9–1)。另外,也可以大致分为短纤维(如棉、羊毛等)和长纤维(如绢等),短纤维可以纺成纱,长纤维可以纺成丝。化学纤维可以长短分开,所以能够制成两种线。纱可以分为手感轻柔的单纱和有弹性的股线,染色效果和触感各不相同。

> 表示线的粗细时,短纤维用"支(S)",长纤维用"旦(D)"。

2. 织布、编织布、无纺布

　　将线和纤维纺织成的布,大致分为织布、编织布、无纺布。织布是线横竖交错而成,分为平纹组织、斜纹组织、缎纹组织和拉毛织物等(图 9–7)。编织布是将线绕成环状再横竖交织的布料,有特里科经编织物、蕾丝等。无纺布不经过纺线工序,将纤维直接织成布,如针刺棉等。

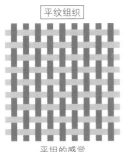
平纹组织

平坦的感觉

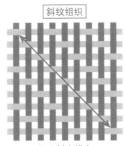
斜纹组织

织眼斜向排布

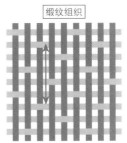
缎纹组织

线富有光泽

图 9-7 织布的主要构成方式

消防厅登记编号

防 灾

登记机构名称
　　财团法人　日本防灾协会

遮 光

可水洗

图 9-8 二次加工标志范例

3. 染色

染色的分类方法很多,比如纺成线后染色和织成布后染色,整体染色和部分染色、让染料浸透纤维的**浸染**和让颜料固定在纤维表面的**着色**等。将这些方法组合起来,就能构成多种颜色、花纹、手感的线和纺织品。

4. 二次加工

二次加工是指在织布、染色后进行加工,以提高设计感和功能性。通过增加光泽和凹凸等,可以改变手感,提高布料的装饰性,同样有各种方法可以提高功能性,如防灾、阻燃、防水、防污、不起皱等。二次加工有窗帘、地毯的阻燃加工、提高遮光性的金属镀气、贴膜加工等,经过加工的产品上会附有标识(图 9-8)。

> 在酒店或商业设施等不特定多数人聚集的场所,窗帘或者地毯等纺织品必须经过防灾加工。

第 4 节　树脂类材料

树脂类材料分为从石油中生成的合成树脂,以及柏油、橡

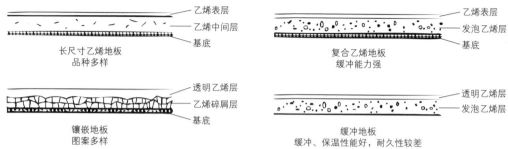

图9-9 根据横截面构造区分的聚氯乙烯板种类

胶、松脂等天然树脂。另外,还可以大致分为加热硬化的热固性树脂以及可以软化的热塑性树脂,前者有苯酚树脂、环氧树脂、三聚氰胺树脂、聚氨酯、虫胶等,后者有聚氯乙烯、丙烯、ABS、聚乙烯、赛璐珞等。将这些材料做成薄板,保持液态进行涂覆,放入铸模中成型,或者制成纤维后,可以作为表面材料、功能性材料、零件、材料、纺织品的原料。

1. 薄板材

在橡胶、氯乙烯树脂中加入添加剂和可塑性材料后制成的地板,以及瓷砖形状的地板材料。价格低且相对强度高,耐久性强。这样的优质材料很多,从重视功能性的产品到模仿其他表面材料的产品都有。另外,薄板还可以作为隔断、装饰、家具表面材料。

· **长尺寸乙烯地板**:厚度2~5 mm、宽度1800~2000 mm、长9000 mm左右的板状材料,因为大多是聚氯乙烯树脂材料,所以又称为聚氯乙烯板。根据是否有发泡层及制造方法的区别可以分为不同种类(图9-9)。

· **地砖**:多为厚度2~3 mm、边长300 mm的正方形。根据原料的种类、成分配比不同,有各种名称和区分。

· **薄板**:用于装饰、搭建、家具表面材料。有各种纹理的三聚氰胺树脂薄板,有加入聚酯树脂等树脂层的多层板、加入印刷加工的印刷板等,用在需要防污、防水、强耐久性的部位。

· **油毡**:亚麻籽油、松脂、木粉、软木、石灰岩、颜料等天然材料组合而成的板子或者地砖。不含有害物质,具备抗菌性。

> 将油毡材料置换为合成树脂的材料叫作聚氯乙烯(PVC)。

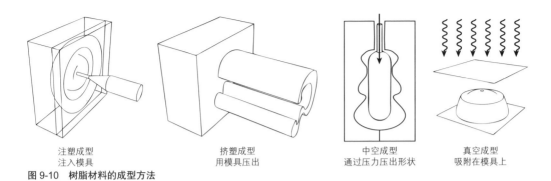

| 注塑成型
注入模具 | 挤塑成型
用模具压出 | 中空成型
通过压力压出形状 | 真空成型
吸附在模具上 |

图 9-10　树脂材料的成型方法

2. 涂覆材料

现场涂覆的液体状物质有环氧树脂、聚氨酯、聚酯树脂等。在广义范围内,可以对表面进行无接缝加工的材料或者作为防水材料。关于表面涂料的问题,将在后文叙述。【→本章第 5 节"涂料"】

· **柏油**:从原油中提取的材料,用于黏合,防水。

> 涂装最大的特点是表面无接缝。

3. 成型零件

树脂材料的成型方法如图 9-10 所示,可以根据形状、效率、成本、设备规模等因素选择成型方法。

第 5 节　涂料

涂料能够形成膜,保护内部的涂装表面,为其上色,以防止生锈、腐败、细菌繁殖,起到防蚁、防水、隔热等作用。由树脂、溶剂、颜料及染料等添加剂构成的油漆具有树脂的特性。

1. 涂装材料的主要种类(表 9-2)

形成膜的造膜涂料包括硝化纤维制成的清漆(CL)、聚酯树脂涂料(UP、UC)、油性调和漆(OP)、树脂调和漆(SOP)、环氧底漆(EP)、氯乙烯树脂绝缘漆(VE、VP)、丙烯酸乳胶漆(AEP)等。

能渗入木材等组织内部的浸渍涂料有油、蜡等。

另外,还有环保、健康的自然涂料,如木蜡油、腰果漆、柿漆等。

> UP 是不饱和聚酯树脂的英文缩写。

表 9-2　涂料的种类

名称	英文缩写	特点
硝化纤维清漆	CL	速干,适合天花板和墙壁
聚酯树脂涂料	UP、UC	防水、耐磨性好。用于涂在地板表面
油性调和漆	OP	性价比高,耐候性好,适合用在外部
树脂调和漆	SOP	油性调和油漆的改良版
环氧底漆	EP	代表性的水性涂料
氯乙烯树脂绝缘漆	VE、VP	抗碱性强,灰浆涂装用于厨房、浴室等有水的地方
丙烯树脂油漆	AEP	种类繁多,能用于多种情况
聚酯涂料	—	可以形成非常厚的涂膜
漆	—	从树液中提取的天然涂料,涂膜硬,耐久性好
腰果漆	—	以腰果油为原料,是与漆性质相仿的涂料

2. 涂装工序的名称

在工厂进行的家具、器物、零件的涂装有各种工艺和名称。

· **基底涂装**：用于保护材料表面、增加湿润度和光泽度的透明涂装。

· **白木涂装**：在木材上涂覆明亮的白色浸渍性涂料后擦除,衬托木纹的涂装方法。

· **光油涂装**：通过涂油来提高防水、防腐性的涂装方法。

· **着色涂装**：为木材涂覆暗色系浸渍性染料,衬托木纹的着色涂装法。

· **磁漆**：用不透明造膜涂料覆盖材料的涂装方法。

· **特殊涂装**：使表面看上去是石头、绒面革等特殊材质的涂装方法。

· **UV 硬化涂料**：通过表面硬化来提高强度,使用紫外线硬化树脂完成的速干性涂装方法。

> 仔细观察物体的表面会发现,既有像钢琴那样光滑的镜面表面(闭孔),也有木纹等留有细致凹凸图案的表面(开孔),这些种类丰富的材料处理方法各不相同,不仅是外观,手感和触感都不相同。

3. 涂料使用的注意点

涂料的成分中含有会对人身体产生影响的化学物质,使用时需要注意。因此,日本出台了各种法律加以限制,如家庭用品品质表示法、消防法、劳动安全标准法、有毒物品及刺激性物质取缔法、恶臭防止取缔法、废弃物处理法等。

第 6 节　混凝土、灰浆、石膏、土

图 9-11　洗沙

混凝土是由水泥、粗骨料（石子）、细骨料（砂）和水拌合，经硬化而成的一种人工石材。不含粗骨料的是水泥灰浆，简称"灰浆"，用于经常被水打湿的地方，或者出租屋等地方的地板打底层。

用抹子均匀涂抹灰浆的方法是"灰浆平抹"，用水洗出混有石子的灰浆表面石子的方法是"洗沙"，这是两种不同的涂抹方法（图 9-11）。

灰泥是矿物的烧制品，和水泥一样，遇水会发生化学反应硬化。灰泥有石膏灰泥、大理石灰泥等，石膏灰泥在工厂压制成板状的石膏板，经常用作打底材料。

石灰浆是消石灰混合糨糊、草屑制成的材料，可用于防火墙表面。

三合土是土、消石灰、卤水混合凝固后的材料，主要作为和式门厅的地面材料。

土是传统和室墙壁的底层、中层、表面材料，有不同种类，如砂墙、大津墙、住乐墙等。另外，多孔硅藻土有隔热、调节湿度的功能，可以用作墙壁表面材料。

第 7 节　瓷砖与砖

瓷砖是烧制成板状的陶土。根据土的种类、产地、是否上釉、制造方法、贴法（排列方法、接缝）、大小、烧制温度不同，种类多样（表 9-3、表 9-4、图 9-12）。用于有水的地方、富有设计感的地板和墙面表面。

贴法分为使用灰浆的湿式工法和使用黏合剂的干式工法。

砖由土烧制而成，也可用作垒墙的结构材料。

砖的尺寸基本是 210 mm×100 mm×60 mm，也有长宽高均为基本尺寸 1/2 的规格。壁炉背面墙上为了隔热，有时会贴防火砖。

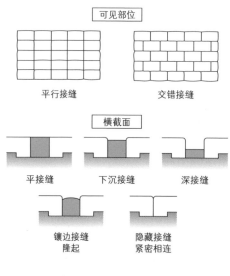

图 9-12　瓷砖、砖的接缝(可见部位与横截面)

表 9-3　瓷砖的烧制温度、名称与特点

烧制温度	名称	特点
1100 ℃左右	陶砖	吸水性强,不耐冻,用于内装壁
1250 ℃左右	石砖	吸水性弱,用于地板、内外装墙
1300 ℃左右	瓷砖	不吸水,可用于所有房间

表 9-4　主要瓷砖尺寸与名称

尺寸	名称
227 mm×90 mm	三丁砖
108 mm×60 mm	小口砖
227 mm×60 mm	二丁砖
108 mm×108 mm	36° 角
68 mm×68 mm	75° 角
92 mm×92 mm	100° 角
144 mm×144 mm	150° 角
192 mm×192 mm	200° 角
227 mm×40 mm	边砖

注:厚度为 5~20mm。

第 8 节　石材与石材加工品

　　天然岩石经过加工,可以作为地板和墙壁的表面材料。质感高级,一般比较坚固,耐久性高,不过不同种类和产地的石材结构、性质不同,要依据表面情况和使用场所仔细挑选。

1. 石材的种类(图 9-13)

　　火成岩是岩浆在地下凝固后的产物,包括花岗岩(御影石)、安山岩等。花岗岩坚硬、不易风化、耐磨,所以多用作内外的地板、墙壁和装修材料,不过由于不耐高温,容易出现裂痕。安山岩用于制砂和砌墙。

　　堆积岩是在地面、水中堆积而成的,包括粘板岩(玄昌石、板岩)、砂岩、凝灰岩(大谷石、十和田石)、石灰石等。玄昌石用于内外墙,板岩用作屋顶和外墙,砂岩和大谷石用作内外墙壁,十和田石作为浴室地板,石灰石作为内墙。

　　变质岩是由于热量和压力等变质作用形成的岩石,包括大理石、蛇纹岩等。变质岩可以充分利用打磨后出现的图案作为装饰,用在室内地板和墙壁上。

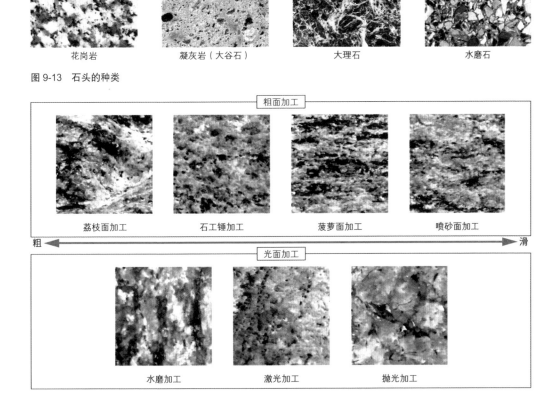

花岗岩　　　凝灰岩（大谷石）　　　大理石　　　水磨石

图 9-13　石头的种类

粗面加工

荔枝面加工　　　石工锤加工　　　菠萝面加工　　　喷砂面加工

粗 ← → 滑

光面加工

水磨加工　　　激光加工　　　抛光加工

图 9-14　石材的各种加工方式

另外,将制造石材时产生的碎片用灰浆等凝固成型后的水磨石可以用于室内外装饰、隔间、柜台等。

熔融岩石制成纤维状后称为石棉,除了作为隔声、隔热、防火等功能性材料外,还可以制成板状的吸声天花板。

2. 石材的加工与安装

· 加工

为了满足质感、设计感、防滑性、耐久性等要求,不同种类的石材从打碎到打磨结束为止,有各种不同的加工方法（图9–14）。

粗面石材用于重视防滑性能的地板,打磨的石材用于带花纹的墙壁材料。

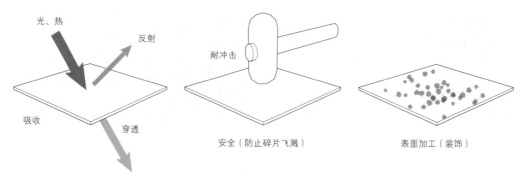

图9-15　玻璃的附加功能

表9-5　玻璃板的性能与分类

项目	吸收	反射	穿透	耐冲击	安全	表面加工（装饰）
光	彩色玻璃 电磁屏蔽玻璃	镜子	高透光玻璃 低反射玻璃 调光玻璃	钢化玻璃 夹层玻璃	夹丝玻璃 夹层玻璃	有色玻璃 压花玻璃 夹层玻璃
热	热线吸收玻璃	低辐射玻璃 热线反射玻璃	多层玻璃			

· 施工

　　安装方法有湿式工法和干式工法，由于石材较重，安装时需要注意支撑方法，选择合适的接缝材料来填补缝隙。

第9节　玻璃

　　光能穿透、扩散的材料，由石英砂、碳酸钠、石灰石等熔融而成。可以做成板状或块状，兼具眺望和采光功能，气密性好。另外，还可以用作灯罩或滤光器来控制配光。制成纤维状后，可以作为吸声、隔热等功能性材料。

> 通过不同加工方法制成的石材除了图9-14上显示的外表区别之外，触觉、在其表面行走的感觉都完全不同。

1. 玻璃板的种类

　　玻璃板有以下几种，可以根据用途、喜好区分使用（图9-15、表9-5）。

　　· 浮法玻璃：熔融金属液漂浮在表面上凝固成型，平面度高，是具有代表性的玻璃种类。

　　· 彩色玻璃：带颜色的玻璃，起装饰作用，如教堂的彩色玻璃窗。

·**高透光玻璃**：从普通玻璃中去除蓝绿色，提高透明感的玻璃，用于展示陈列品。

·**热线吸收玻璃**：红外线吸收率高，能提高制冷效果的玻璃。

·**低反射玻璃**：表面经过滤光处理，减少表面反射的玻璃。

·**低辐射玻璃**：表面增加金属膜，提高隔热性能的玻璃。

·**有色玻璃**：内含着色剂的玻璃，可作为墙壁表面材料。

·**镜子**：增加反射层，能够反射可见光的玻璃，用作穿衣镜等。

·**热线反射玻璃（半反射镜）**：能够反射一部分阳光，比热线吸收玻璃更能提高制冷效果的玻璃。

·**电磁屏蔽玻璃**：提高了电磁波吸收效率的玻璃。

·**压花玻璃**：通过模具成型，有花纹和纹理的玻璃，用于装饰等。

·**钢化玻璃**：经过热处理，弯曲强度提高了 3~5 倍的玻璃。

·**夹丝玻璃**：为了防止破损时碎片飞溅，加入了金属网、铁丝的玻璃。

·**夹层玻璃**：中间加入透明膜和装饰膜，提高了防止碎片飞溅和装饰效果的玻璃。

·**调光玻璃**：装有液晶膜的夹层玻璃，透明度会根据电压发生改变。

·**多层玻璃**：多层玻璃中封入干燥空气或惰性气体，提高隔热、隔声性能的玻璃。

> 热线反射玻璃有可能对邻居造成光害，所以需要事先进行仔细研究。

> 玻璃及镜子可以通过以下的二次加工来提高装饰性：
> ·**倒角**：把玻璃或镜子边缘切削成一定斜度的技法。
> ·**蚀刻、水雾加工**：用药剂让表面变得粗糙的技法。也可以加入图案和纹样。
> ·**打磨加工**：用研磨砂等将表面磨粗的技法。可以做出渐变和阴刻效果。

2. 玻璃板的安装方法

一般来说，一个框架中会安装一张玻璃，为了远眺和景观，也有以下这些尽量隐藏框架的安装方法（图 9-16）：

·**肋材安装方法**：强化玻璃直棂（中梃）的安装方法。

·**DPG 玻璃工法**：在玻璃四角开孔，用五金零件支撑的安装方法。

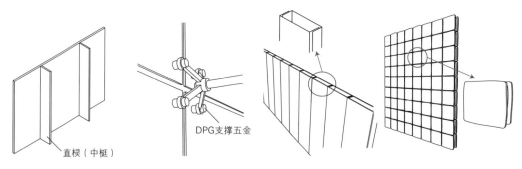

直棂（中梃）

图 9-16　肋材安装方法、DPG 玻璃安装方法　　　图 9-17　U 形玻璃、玻璃砖

DPG支撑五金

3. 其他玻璃材料（图 9-17）

玻璃砖是有中空层的玻璃做成的砖，既隔热又透光，可用作墙壁等。U 形玻璃是横截面为 U 形的沟槽玻璃，可用于垒墙。玻璃棉是将玻璃做成纤维状的棉状物，作为吸声、隔热等功能性材料。

第 10 节　金属

金属既有纯金属也有合金，根据配比、添加物、冷却及成型方法不同，性质会发生大幅改变，种类繁多，性能各异，能适应各种用途。

1. 金属的种类

· **钢**：强度大，压成薄板，适合量产。易氧化，可以进行下文中提到的各种表面处理。

· **不锈钢**：在钢里加入铬、镍、钼制成的不易生锈的金属。18/8 不锈钢（SUS304）多用来制作家具、器具、小五金。

· **铝**：比重只有钢的 1/3，加工性、延展性好。可以通过压注成型、铸造成型等方式制造家具或零件。经过表面处理后，可提高耐腐蚀性。

· **铜、黄铜**：铜质地柔软，耐腐蚀性强，同时具备抗菌性，是一种高级材料。黄铜是铜锌合金，用作把手和小五金。

2. 表面处理

为了防止金属氧化等问题,会进行以下几种表面处理:

· **三聚氰胺树脂烧制涂装**:涂覆三聚氰胺树脂后加热硬化,能得到强韧的涂膜。

· **粉末涂装**:利用静电力将树脂粉末附着在金属上,加热熔融后能得到均匀厚实的涂膜。

· **电镀**:铬等金属形成金属皮膜,提高耐腐蚀性和装饰性。

· **氧化铝**:通过铝的阳极氧化,提高耐腐蚀性。

· **溅射**:用电压撞击金属分子形成皮膜。

· **喷砂**:吹出研磨砂,把表面削得非常薄,呈现粗糙的像梨皮似的表面。

· **静电植毛**:依靠静电力,在涂满黏合剂的表面附着一层密集的短纤维。能提高隔热性,防止结雾、反射,也适用于树脂制品。

· **印刷**:印刷文字、图案。可以用丝网和模板直接印刷,也可以通过薄膜、硅片模转印。

第 11 节　功能性材料

提高隔声、防火、隔热等性能的材料叫作功能性材料。

1. 隔声材料(表 9-6)

声音有在空中传播和在固体内部传播的振动,隔绝音响与振动,不让声音泄露到室内外的材料叫作隔声材料。对于空气中的高音,使用共鸣来吸收更有效;对于空气中的低音,可以依靠质量来隔声;对于震动,可以凭借隔绝振动来减震。卫生间、卧室、录音室、宴会厅等地,需要选择合适的吸声材料、隔声材料、减震材料。

2. 防火材料(表 9-7)

在火灾等温度上升的情况下,能在一定的时间里防止延

> 钢是阻燃材料,但是加热后会发生软化、变形。因此不加防火涂层的钢结构不认为是防火建筑物。

表 9-6　隔声材料举例

吸声材料	玻璃纤维、石棉、榻榻米、木丝板、有孔板、石棉吸声天花板等
隔声材料	混凝土、铅板、柏油板、金属粉板等
减震材料	防振橡胶、毛毡、减震器、制振板等

表 9-7　防火材料举例

不可燃材料	钢铁、混凝土、玻璃等
准阻燃材料	石膏板（面纸厚度 0.6 mm 以下，总厚度 9 mm 以上）、木丝板（厚度 15 mm 以上）等
不易燃材料	经过化学处理的木材、塑料等

表 9-8　隔热材料举例

矿物类	石棉、玻璃棉
塑料类	泡沫塑料、聚苯乙烯塑料、聚氨酯泡沫塑料
自然类	隔热板、纤维素纤维、炭化软木、羊毛

烧，不会发生对防灾不利的变形、熔融、龟裂及其他损伤，并且不会产生不利于避难的烟雾及气体的材料叫作防火材料。日本建筑标准法将防火材料分为 3 种：燃烧后能够承受 20 分钟的材料属于阻燃材料，能够承受 10 分钟的属于准阻燃材料，能够承受 5 分钟的属于不易燃材料。

　　另外，把建筑变为防火建筑物的表面覆盖材料有石棉瓦、硅酸钙板等。

3. 隔热材料（表 9-8）

　　能够隔热，保持室内热环境稳定的材料叫作隔热材料。为了隔热而让空气层停滞不流动，它多利用吸附性强的多孔材质或纤维材质等轻质材料。考虑到由热量传导难度、结雾导致的性能劣化、湿气扩散度、耐热性能和成本等因素，可选择多种材料。一般来说可以分为耐热的矿物类材料、高性能的塑料类材料，以及天然材料中提取的自然类材料。

第 10 章
室内设计的历史（世界篇）

　　本章中，将首先着眼于西方室内设计，从其源头的美索不达米亚、古埃及到古代、中世、近世、近代、现代的变迁逐一分析。

　　跨越时代令人产生共鸣的合理创意、气候风土、科学技术以及政治经济等诸多条件促使价值观和审美不断变化。希望能在探寻价值观、审美与室内设计之间关系的过程中，发现新的创造灵感。

第1节　从古代到近代的西方室内设计

　　全世界很多城市都能看到西方的建筑物，因为西方建筑有着悠久的历史，共通设计来源于古希腊和古罗马，在 15 世纪末到 16 世纪初的大航海时代，西方建筑走出欧洲在全世界广泛传播，被各国模仿。

　　从古至今，西方各种文化相互碰撞，不断经历分裂和统一。建筑、室内设计也经历了各种变化。根据时代背景和形态特征区分的建筑和室内设计叫作样式，按照图 10-1 中的过程演变至今。

第2节　古代

1. 美索不达米亚、古埃及的建筑与内饰

　　（约公元前 3000 年—公元前 100 年）

　　欧洲文明的源头诞生于公元前 4000 年左右，分别是幼发

> 在建筑史、室内设计史、服装史等领域，样式又叫作"风格"或"模式"。词源分别是"赋予意义""守护（patron）"。从词源的含义中可以看出，室内设计的样式可以展示出人们对空间的理解方式。

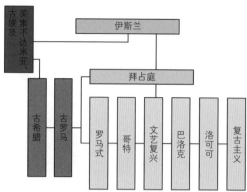

图 10-1 样式分类和变迁

塔庙（ziggurat）的意思是"高处"，高 21 m，底面为 62.5 m ×43 m，规模宏大，在数层长方形的基坛上方是长方形的正殿。

图 10-2 乌尔城塔庙复原概念图（参考文献 1）

图 10-3 黏土钉，据说是马赛克砖的原型（图片提供：INAX live 博物馆"世界瓷砖博物馆"）

拉底河、底格里斯河流域的美索不达米亚文明和尼罗河流域的古埃及文明。由于美索不达米亚降雨很少，所以依靠灌溉技术、农业工具的发明提高效率。两河流域同样难以找到木材和石材，建筑都是由黏土制成的土坯建造的。到了公元前 2100 年左右，出现了烧制瓦，建造出神庙（图 10-2）。正殿的墙壁和柱子上，有头部经过染色的烧制"黏土钉"（图 10-3）勾画出的几何形图案，是一种美丽的装饰。在结构方面，技术弥补了建筑材料的匮乏，开发出小拱门和拱顶（图 10-4）。

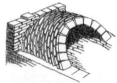

图 10-4 美索不达米亚的拱门（上）和拱顶（下）（拱顶为笔者参考文献 2 等资料绘制成的）

到了公元前 500 年左右，巴比伦王宫、波斯波利斯的宫殿落成，砖墙用灰浆、石板、彩釉浮雕砖等做装饰。

另一边，由于尼罗河定期泛滥带来了肥沃的土壤，古埃及文明的农业得以扩大发展。

拥有拱门和拱顶后，人们掌握了能够实现"拥有柱子较少的宽敞空间、较大的建筑开口"的构造技术，现在也在不断改良。

古埃及的住宅由土坯建成，上流阶层的住宅在土坯墙壁上涂抹灰浆，并且画上了色彩鲜艳的壁画。

因为古埃及人的生活方式需要坐椅子，图坦卡蒙的黄金椅（图 10-5）是地位的象征，木椅全部贴满了金箔，狮子脚上有精致的雕刻，镶嵌着宝石等华丽的装饰。

最终两个文明将稀缺资源黎巴嫩杉树采伐殆尽，从而失去了燃料和建筑材料。土地荒废，米索不达米亚文明开始衰退，古埃及王国越来越弱，在公元前 30 年被古罗马帝国征服。

2. 古希腊式（公元前 6 世纪—公元前 4 世纪）

大约公元前 5 世纪，古希腊迎来了最鼎盛的时期，多数城

图 10-5 图坦卡蒙的黄金椅（公元前 1350 年左右）（笔者参考文献 3 等资料绘制）

图 10-6　帕特农神殿（参考文献 4），被誉为古希腊神殿的最高峰

多立克柱式　　爱奥尼亚式　　科林斯式

图 10-7　古希腊的三种柱式。柱式是指根据柱子底部的尺寸，规定各部分尺寸的比例

邦（polis）结成联盟，雅典作为盟主，增强了统治力。城邦中有为神明修建圣殿的卫城和为市民生活而修建的广场，帕特农神殿（图 10-6）在雅典建成。据说古希腊神殿的建筑样式由迈加隆（megaron）发展形成，迈加隆大量修建于爱琴海沿岸，是带门廊的一居室建筑。古希腊人在建筑领域重视均衡，认为秩序是完整的美，因此制定出各种关于美的法则，并且制定了古典建筑的基本法则"柱式"（图 10-7）。柱式决定了神殿各部分（从上到下由山花、柱头、柱身、基座等构成）的尺寸。公元前 336 年，由于常年战争和鼠疫肆虐，古希腊国力凋敝，被北边的马其顿消灭，包括埃及、叙利亚一带在内都成了马其顿王国的一部分，古希腊文化与东方文化融合并广泛传播。

3. 古罗马式（公元前 1 世纪—公元 4 世纪）

公元前 3 世纪左右，古罗马统一了意大利半岛，经过战乱时代，在公元前 27 年，奥古斯都统一了包括古希腊在内的地中海沿岸各国，开始实施帝政。他修建道路，征服了欧洲和非洲北部，在现在的伦敦、巴黎、科隆、维也纳等地建设了城市。

在这个过程中，古罗马人从古希腊人那里继承神殿形式和柱式思想，从来自美索不达米亚的伊特鲁立亚人那里继承了拱顶技法、壁画和雕刻等，提高了建筑技术和装饰技术，并且发明了混凝土，在公元前 25 年建成巨大的半球形圆顶建筑万神殿（图 10-9），在公元前 20 年前后建成加尔水道桥（图 10-10）。

古罗马建筑多用半圆拱门和拱顶，风格明亮明快。持续了约 200 年的和平，也许是因为人们注重现实生活且享受生活

黄金分割，以及为使神殿的柱子看起来更笔直，柱子微微向内侧倾斜，为使底座看起来水平，中心微微鼓起的圆柱收分线，这些视觉错觉修正现在依然是造型美的基础。

古希腊人对建造神殿倾注了智慧和金钱，由于耕地少，经济能力弱，即使是富裕的个人也不会建造宫殿和豪宅。他们的住宅朴素合理，家具设计中有一直延续到现在的女用椅子克里斯莫斯和男用躺椅克里奈等（图 10-8）。

图 10-8　克里斯莫斯（上），克里奈（下）

古罗马出现了"建筑"的概念，为了军事和生活需要开始改进基础设施，提高了功能性、便利性和居住性。维特鲁威在《建筑十书》中提出了建筑的三要素"实用、坚固、美观"，对后世产生了很大影响。

图 10-9　万神殿外观（左）、内观（右）

图 10-10　加尔水道桥　　　　图 10-11　斗兽场　　　　图 10-12　穹顶住宅（《庞贝古城内部》由路吉·巴扎尼绘，1882 年）

乐趣吧。古罗马时期还建造了斗兽场（图 10-11）和浴场等娱乐设施。另外，穹顶住宅（domes）是上流阶级的住宅（图 10-12），里面装满了追求舒适的室内装饰。为了防止外敌入侵，外墙是关闭的，内部由带天窗的中庭和柱廊包围的回廊采光，铺着马赛克装饰画地板，奢侈的湿绘壁画装饰着墙壁。家具继承了古希腊的风格，样式豪华，多用大理石和青铜制作。代表性的家具有列克塔斯青铜躺椅（图 10-13）。

图 10-13　列克塔斯青铜躺椅

4. 拜占庭式（6—10 世纪）

广阔而繁荣的罗马帝国贸易繁盛，不过另一方面，伊斯兰势力和日耳曼人的入侵却日渐严重，罗马帝国在公元 395 年最终分裂成了东西两部分。日耳曼人于公元 476 年占领了西罗马帝国，东罗马帝国（拜占庭帝国）建都君士坦丁堡（现在的伊斯坦布尔），以基督教为国教，一直延续到了公元 15 世纪前后。首都君士坦丁堡位于欧洲和亚洲的交界处，公元 7 世纪之后，从巴格达开始向外延伸的伊斯兰教势力（阿拉伯游民）进入君士坦丁堡，这里成为东西方技术和文化的融合地。美术和建筑融合基督教（西方）和伊斯兰教（东方）风格，确立了独特的样式。

拜占庭式建筑对伊斯兰文化、16 世纪的文艺复兴文化和俄罗斯教堂建筑等有很大影响。

图 10-14　圣索菲亚大教堂(参考文献 5)

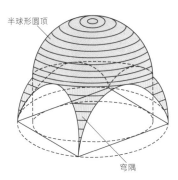

图 10-15　穹隅、穹顶

半球形圆顶

穹隅

图 10-16　圣索菲亚大教堂内部的马赛克镶嵌画《基督与君士坦丁九世、佐伊女皇 》

公元 537 年,圣索菲亚大教堂举行了落成典礼(图 10-14),这座教堂的结构形式独特,在巨大的正方形上覆盖巨型圆顶(图 10-15),实现了墙壁和圆形天花板流畅地融为一体的内部空间。教堂内有色彩鲜艳的马赛克壁画(图 10-16)。马赛克的材料是彩色玻璃,或者夹有金箔、银箔的玻璃镶嵌物。

当时的家具,马克西米安司教座(图 10-17)是象牙制品,看不到古罗马式半圆形和曲线的影子,采用古板的直线,布满东方式的细致雕刻。

5. 伊斯兰式(7—17 世纪)

公元 610 年,穆罕默德建立了伊斯兰教,从那以后,阿拉伯游牧民族(商队民族)从西西里岛、伊比利亚半岛征服到中亚地区,建立了庞大的阿拉伯帝国。

位于麦加用于祭祀安拉的克尔白神殿是伊斯兰教唯一的神殿,为了方便教徒做礼拜在各地建造了清真寺(图 10-18)。清真寺是由多根立柱组成的多柱式礼拜堂和穹顶构成的。根据教义,清真寺中禁止表现人物和动物的图像,主要使用能够表现伊斯兰教特有的宇宙观的阿拉伯式图案,比如几何图形(图 10-19)和藤蔓纹样(图 10-20)是主流装饰。类似于钟乳石小曲面组合而成的巨大凹面建造的钟乳石饰穆卡纳斯(图 10-21)是具有跃动感的独特设计。另外,拱门的形式多样(图 10-22),表现出伊斯兰建筑的特征。

镶嵌物每一片的角度都略有不同,可以造成光线的乱反射,只要有一丝光线,房间里就会显得金碧辉煌。

图 10-17　马克西米安宝座(笔者参考文献 3 等资料绘制)

由于没有四季变化而缺少自然色彩的地区喜好华丽的室内设计。陶瓷片的图案设计以清凉的冷色为中心,并使用能让人联想到花朵的红色,在室内重现花园的风景。在沙漠地带,用来抵御夜间寒气的波斯地毯也会使用同样的花纹。

伊斯兰建筑特有的马蹄形拱门,灵感来源于过去统治这片地区的游牧民族西哥特人搬运财产时使用的带扣。

图 10-18 mezquita(西班牙语中"清真寺"的意思)

图 10-19 几何图案

图 10-20 藤蔓图案 (图片提供: INAX live "世界瓷砖博物馆")

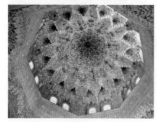

图 10-21 穆卡纳斯

尖顶拱门　葱形拱门　马蹄形拱门　多叶形拱门

图 10-22 伊斯兰风格的拱门

图 10-23 阿尔罕布拉宫 (西班牙)

从公元 7 世纪到 1492 年,阿拉伯帝国统治着整个伊比利亚半岛,在格拉纳达建造了凝结伊斯兰建筑最高技术、追求美感的阿尔罕布拉宫(图 10-23)。

> 纤细华美的装饰、美丽的中庭是阿尔罕布拉宫的特点。

第 3 节　中世

1. 罗马式(11—12 世纪)

日耳曼人入侵后,西罗马帝国于公元 476 年灭亡,西欧陷入一片混乱。公元 800 年,日耳曼的查理大帝在如今的法国附近建立了法兰克王国,统一了西欧的大部分地区。罗马教皇厅与法兰克王国缔结了友好关系,授予查理大帝神圣罗马帝国皇帝的称号。

> 众多日耳曼民族南下移居欧洲,从古希腊、古罗马建筑中学到了柱式、黄金分割等建筑技术,建立了以基督教为中心的国家,形成了中世西方社会。

为了在宣传基督教同时起到统治国家的作用,在神圣罗马帝国各地修建了教堂(图 10-24)和修道院。这些建筑被称为罗马式建筑,是墙壁厚实、坚固的石头建筑物,窗户狭小,内部昏暗。基本形制有长方形且正面最深处设有司祭席的巴西利卡式,以及象征神明升天的环抱的圆形集中式(图 10-25),这两种形式逐渐成为教堂的固定形式。天花板模仿罗马式建筑,

图 10-24　罗马式教堂（阿尔勒圣托菲姆教堂），朴素的石造巴西利卡式建筑

图 10-25　巴西利卡式（左）集中式（右）（参考文献 6）

图 10-26　罗马式建筑拱廊（比萨大教堂）

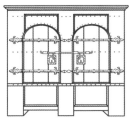

图 10-27　柜子

图 10-28　旋盘加工的椅子（笔者参考文献 3 等绘制）

图 10-29　勒托罗纳修道院

采用了石头半圆拱顶和连廊、穹顶（图 10-26），因为天花板低矮、窗户狭小，所以室内昏暗。家具有简单朴素的柜子（图 10-27），也有经过高效旋盘加工的家具（图 10-28）。

　　后来，修道院（图 10-29）开始承担食物生产、研究、教育、医院和行政功能，规模逐渐扩大，支撑起当地人民的生活，掌握了权力。

2. 哥特式（12—15 世纪）

　　哥特式建筑的主要特征是正面有飞扶壁和两座高耸入云的尖塔（图 10-30）。当时，由修道院主持开垦的农田负责食物供给，城市不断发展，人口也逐渐增加，于是建造了可以供大量人做礼拜的大教堂，作为城市的标志。交叉黏土钉天花板用肋骨补充强度形成更轻的肋拱（图 10-31）以及从外部支撑着承载高天花板的墙壁、能带有大窗户的飞扶壁（图 10-32），由于这两项的开发使得天花板达到了飞跃的高度。哥特式教堂的设计不仅仅体现在高度上，还强调了展现神秘感与神圣感，通过尖拱顶（图 10-33）呈现出强调垂直感的设计，感觉高耸

> 旋盘加工是指让材料一边旋转一边接触刀刃，将棒状材料雕刻成洋葱形的加工方法。

> 西罗马帝国灭亡，日耳曼人入侵后，欧洲的混乱渐渐平息。在建立封建社会的同时，统治者也就是领主不再需要建造用于战斗、防御的城堡，转而开始建造更适合居住的宅邸。

> 通过开发出新技术，完成了能够体现出"神就是光"的空间。

> 窗花格（tracery）渐渐复杂化，到了哥特式后期，已经可以见到曲线上有拐点的火焰式（图 10-36）窗花格了。

图 10-30 哥特式大教堂
（汉斯圣母院）

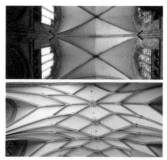

图 10-31 肋拱，原本是强化结构的要素，后来渐渐变成了精细、具有装饰性的部分

图 10-32 扶壁依靠屋顶和天花板的重量，防止墙壁向外侧倾倒的凌空结构

图 10-33 尖拱顶

图 10-34 哥特式家具（高背椅）

图 10-35 彩窗玻璃

的天花板之上还能往上。家具也多用表现上升感的细长形状（图 10-34），以及折布式雕饰（如同纵向折叠布料后形成的形状的雕刻）等常见框组工艺的物品。

　　肋拱天花板所用的肋拱越来越细，成了装饰性结构，巨大的窗户中镶嵌着彩色玻璃（图 10-35），炫目的光芒让人感受到神秘而充满压迫的神的存在，光线让整个空间充满紧张感。当时的人们生活在无尽的苦恼之中，不仅要经历贫困，还身处于鼠疫的大流行、十字军连年争战、被质疑为异端而问罪的恐惧之中，哥特式教堂让他们对基督教满怀敬畏。

图 10-36 火焰式窗花格

第 4 节　近世

1. 文艺复兴式（15—16 世纪）

　　到了中世纪末期，人们摆脱了宗教规制和封建制度的重

文艺复兴（renaissance）是从意大利语"rinascimen-to"（再生）中来的，目的是复兴古希腊、古罗马的古典文化。在文艺复兴时代，出现了大量艺术家，比如列奥纳多·达·芬奇和米开朗琪罗等。

图 10-37　圣母百花教堂的穹顶外观

图 10-38　文艺复兴式的吊钟形穹顶
（圣母百花教堂）

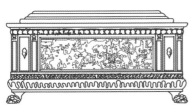

图 10-39　卡索奈长箱

图 10-40　萨沃纳罗拉椅

图 10-41　扶手椅（caquetoire）
当时的贵妇人穿着宽大的礼服
裙也能坐下，座面呈台形

压，在 15 世纪初，宣扬回归自由与人性的文艺复兴运动在意大利佛罗伦萨兴起。在通过贸易、纺织业和金融业积攒了财富的资产阶级的庇护下，东罗马帝国毁灭后流亡而来的优秀艺术家和知识分子满怀理想，希望能复兴古希腊、古罗马的艺术。

在文艺复兴时期，建造出了剧院、医院、市政厅等公共设施，还有豪华的宫殿和宅邸。文艺复兴式的建筑设计模仿了古典建筑的对称结构，强调稳定的水平线，出入口使用半圆拱顶或圆形设计，穹顶采用吊钟形（图 10-37、图 10-38）。色调也营造出明亮、自由的氛围。

内部装饰中的宗教画使用了布鲁内列斯基等人研究出的透视法，画面中的人物立体、栩栩如生、表情丰富，让整个房间显得明亮。资产阶级的住宅中，为了起到保护隐私和装饰的作用，床四周有从顶部垂下的厚窗帘，墙上挂着挂毯。此外，表面带雕刻装饰的卡索奈长箱（图 10-39）、折叠椅萨沃纳罗拉椅（图 10-40）和但丁式椅子（dantesca）等功能性强的家具，还有法国供贵妇人聊天用的扶手椅（caquetoire）（图 10-41）等

图 10-42　圆厅别墅

进入 16 世纪，出现了造型新奇古怪的改良主义，将古典主题进行了再构筑，安德里亚·帕拉迪奥等人建造的圆厅别墅（图 10-42）很有名。

参照：第 8 章第 3 节"窗饰"

英国的文艺复兴时期（17 世纪初），流行螺旋形的支撑腿和 S 形的漩涡装饰，被称为詹姆斯一世样式。

图 10-43 圣彼得大教堂

图 10-44 凡尔赛宫

图 10-45 巴洛克式家具（笔者参考文献 3 等绘制）

都是本时期的代表性家具。当时已经开始使用玻璃窗，窗帘作为第一种窗饰诞生了。

2. 巴洛克式（17 世纪—18 世纪初）

巴洛克式建筑以意大利的圣彼得大教堂（图 10-43）为开端。受到宗教改革的影响，新教徒势力开始抬头，在 17 世纪，巴洛克式建筑以天主教教堂建筑为中心诞生于罗马，到了 17 世纪后期，欧洲各国进入了绝对王政时期，建造了华丽绚烂的宫殿和宅邸。代表性的巴洛克式宫殿是法国路易十四时代建造的雄伟壮丽的凡尔赛宫（图 10-44）。巴洛克建筑聚集了优秀的匠人和奢侈的材料，仿佛是当权者在向民众炫耀权力。

巴洛克这个词来源于葡萄牙语"不圆的珍珠"，表示打破文艺复兴时代追求的规整的古典形式，转变为不规则、不完整的建筑。巴洛克式建筑会使用不规则曲线，特点是男性化的跃动感、清晰的明暗对比以及华美的装饰。能看到由椭圆和螺旋形这种复杂、强有力的曲线构成，具有厚重感的雕刻和家具（图 10-45）。建筑布局和室内家具的布置讲究，具有权威性、严肃的对称美。

3. 洛可可式（18 世纪）

在法国巴洛克末期（18 世纪前期），路易十五上台后，君主的实力开始弱化，贵族不需要在宫廷伺候，得以逃离不自由的宫廷生活，开始在巴黎的沙龙（庄园）享受社交生活。这个时期的贵族不再喜欢巴洛克式建筑夸张的呈现、宏大的规模，而偏好优雅、小规模的轻快感。洛可可式正是私人化室内设计的

圣彼得大教堂的穹顶下是乔凡尼·洛伦佐·贝尼尼设计的青铜华盖（图 10-46），表现出巴洛克式建筑非凡的壮丽。

图 10-46 青铜华盖

凡尔赛宫是由建筑师路易·勒沃、园林师安德烈·勒诺特设计建造的，室内装饰则请来了意大利的家具设计师查尔斯·勒布伦负责。查尔斯·勒布伦参与设计了著名的"镜厅"（图 10-47）。

图 10-47 凡尔赛宫镜厅

图 10-48　贝壳形装饰（苏比兹庄园）

图 10-49　桌案

图 10-50　安妮女王式家具（笔者根据文献 3 等绘制）

图 10-51　齐彭代尔设计的缎带靠背椅

样式。其特点是由曲线构成的房间，装饰主题是有"人工假山"含义的贝壳形工艺（图 10-48）：家具布置采用非对称式，采用淡雅柔和的配色，因此被认为具有女性化的特点。与华丽的女性礼服裙相结合，诞生了各种风格的窗帘。除此之外，当时还流行非对称的桌案（图 10-49）。背板上镂空雕刻花瓶和乐器的安妮女王式（图 10-50）椅子和齐彭代尔式家具（图 10-51）在英国流行。

　　融合了当时中国元素的家具（图 10-52），以及中国景德镇、日本伊万里烧等地的瓷器也非常流行。

图 10-52　中国式带顶盖的床（笔者根据文献 3 等绘制）

4. 新古典主义（18 世纪中期—19 世纪初期）

　　进入 18 世纪后，由于对巴洛克、洛可可等多用曲线和自由奔放风格的排斥，随着古罗马遗迹的发掘等，人们对古希腊、古罗马的兴趣迅速高涨，把追求传统样式和手法作为理想的运动开始兴起（图 10-53）。

　　在室内设计方面，法国开始使用古希腊时代的装饰，不仅家具回归了直线对称风格，而且演变成女性化的纤细形状。在英国，罗伯特·亚当将轻快优雅的新古典主义带入了室内设计和家具设计的领域。齐彭代尔加上乔治·赫普怀特、托马斯·谢拉顿等家具设计师大放异彩（图 10-54）。进入 19 世纪后，法国的拿破仑为了达到宣传效果，创造了帝政风格（图 10-55）的建筑，在古罗马、古埃及、古希腊等建筑主题上加入拿破仑的首字母 N 的花体字设计。

> 洛可可奔放而轻浮的风格很快失去了人气，没能广泛普及。

> 采用历史样式的建筑叫作复古式建筑，新古典主义将考古学调查及研究发现的古代建筑作为理想，不仅限于复兴古代，还致力于让古代的真理得到重生与复兴。它诞生于法国艺术学院（建筑教育机构），之后传播到了英国和德国。

图 10-53 路易十六风格的室内设计（小特里阿侬），椅子和桌子腿从曲线形的猫脚变成了直线

图 10-54 新古典主义家具。从左到右分别是罗伯特·亚当、赫普怀特、托马斯·谢拉顿设计的椅子。特点是盾形及心形的椅背，军刀形状的椅子腿。带有新功能，比如小脚轮和连接功能等（笔者根据文献 3 等绘制）

图 10-55 帝政风格（拿破仑一世的宝座，笔者根据文献 3 等绘制）

图 10-56 比德迈风格的椅子（笔者根据文献 3 等绘制）

图 10-57 摄政时期风格的椅子

图 10-58 邓肯·法夫式（Duncan Phyfe）椅子（笔者根据文献 3 等绘制）

图 10-59 高脚柜（highboy）

图 10-60 温莎椅

　　德国和奥地利流行以帝政式为基调的比德迈风格（图 10–56），符合追求舒适与亲切感的资产阶级生活。

　　在英国流行摄政时期风格（图 10–57）的家具，特点是军刀形状的支撑腿。代表设计师有托马斯·霍普。

　　在美国，新古典主义被称为联邦式，邓肯·法夫（Duncan Phyfe）家具非常流行（图 10–58）。

　　邓肯·法夫是美国著名家具师，雇用了数百名匠人进行制作。

　　新古典主义家具有被称为 highboy（图 10-59）的高脚柜和发源于英国的温莎椅（图 10-60）。

5. 殖民地式（17 世纪初—18 世纪末）

　　从 17 世纪开始，西班牙、英国、法国等在世界各地开始真

正的殖民,到了 19 世纪前期,建筑物形成了以本国建筑和室内设计风格为基础,结合当地生活的样式。在美洲大陆的不同地区,大致可以分成英式、法式、德式等风格。这些样式在日本和东南亚也很常见。家具也逐渐转变为当地生产,风格开始简单化,有了自己的特点。

图 10-61　震颤派式摇椅

第5节　近代

18 世纪后期开始,欧洲各国纷纷实现了资本主义和工业化,进入了近代社会。艺术、建筑、室内设计领域开始否定传统样式和装饰,新建材纷纷登场,认为有必要创造出新的思路。与作家、画家、雕刻家、音乐家、戏剧家一样,拥有同样想法的建筑家聚集在一起,将自己的想法和作品展示给社会,这就是"现代建筑运动"。运动在欧洲各地纷纷独立兴起,最终确立了全世界共通的现代风格。

1. 工业革命以后（19 世纪）

经历过工业革命之后,近代建筑三大材料之一的钢,通过新技术更容易生产的玻璃板、硅酸盐水泥被开发出来,因此必须找到适合新材料的使用方法、制造方法及建造形式。但是,新的价值观开始出现,人们开始摒弃过去的样式和装饰,优先考虑功能性,赞美机械美,尽管生产方式和材料发生了变化,但是家具和日用品形态的更新并不简单。

· 使用新材料、新制法的室内设计

1851 年,伦敦举行了第一届万国工业博览会,建造了水晶宫(图 10-62)作为主会场,利用铁和玻璃打造出巴西利卡式的宽敞空间,为了缩短工期,采用预先在工厂中大量生产规格化零件的方法。

在家具方面,英国的维多利亚式椅子(图 10-63)保持了古典形态,组合椅子、聊天椅等实用性极高,使用铁质弹簧来缓冲,骨架使用将纸和砂通过黏合剂压缩成型的新材料——混凝纸。

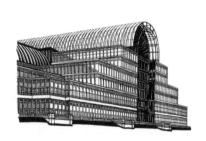

图 10-62　水晶宫（参考文献 5）

图 10-63　维多利亚式椅子（气球形靠背椅）（笔者根据文献 3 等绘制）

图 10-64　索耐特式椅子（笔者根据文献 3 等绘制）

2. 工艺美术运动（19 世纪中期至后期）

　　工业革命之后，量产化的时代到来，英国设计师威廉·莫里斯担心大量生产的工业制品中会产生很多低俗粗糙的产品，于是使用中世手工业生产的方式，制造和销售优质产品。这就是工艺美术运动，对 20 世纪的设计思想有巨大的影响（图 10–65）。但是，根据莫里斯的理想，产品必须用心地使用手工制造的方法生产才会变成高级产品，这让很多人望尘莫及，因此他的理想并未实现。

3. 新艺术派风格（19 世纪末期—20 世纪初期）

　　受到莫里斯的运动的影响，新艺术运动在比利时兴起，在法国达到高潮。其想创造出与过去的样式完全不同的新颖设计，使用铁、玻璃等新材料，以不规则流动的植物曲线（有机曲线）为源泉，产生了非历史性的新艺术。

　　这种风格从家具（图 10–66）、灯具、书籍封面、餐具、海报等的设计开始，逐步应用在建筑领域。灯具中的"墨汁鬼伞鸡蘑菇灯"（埃米利·加莱）、建筑中的奥塔博物馆（维克多·霍塔，图 10–68）、巴黎地铁入口（图 10–69）等都是代表性的作品。

　　尽管使用了新材料的新样式引人注目，不过和工艺美术运动一样，复杂的曲线无法适应工业化的产业社会，因此并没有广泛普及，成为广大民众能够拥有的产品。不过新艺术派在此后走向了致力于统一机械与艺术的道路。

　　赫克托·吉马德接受了巴黎市的委托，设计了市内 100 多个地铁入口，由于深受好评，新艺术派风格传播到了世界各国。这种样式在英国被称为格拉斯哥派，在德国和奥地利被称为青年风格，在西班牙被称为现代派。安东尼奥·高迪设计的巴特罗之家（图 10–67）就是这种风格的典型代表。

莫里斯主张高品位能提高人们的生活品质，让整个社会更加美好。他亲自设计壁纸等用品，现在依然被大众喜爱。

图 10-65　莫里斯设计的壁纸

图 10-66　新艺术派家具（赫克托·吉马德设计，笔者参考文献 3 等绘制）

图 10-67　巴特罗之家

图 10-68　奥塔博物馆外观

图 10-69　巴黎地铁入口

图 10-70　维也纳邮政储蓄银行内部（奥托·瓦格纳于 1906 年设计）

4. 分离派（19 世纪末期—20 世纪初期）

19 世纪末到 20 世纪初，分离派在维也纳结成，主张脱离学院派，目标是以几何的形态创造出具有实用性的新样式和新艺术。主要成员有画家和工艺家科罗曼·莫塞尔、建筑家奥托·瓦格纳的徒弟约瑟夫·玛利亚·奥尔布里希、约瑟夫·霍夫曼，会长是画家古斯塔夫·克里姆特。他们致力于创造出具备实用性、符合时代的自由艺术与建筑，形成了合理与非合理混合的独特风格（图 10–71~图 10–73）。对此，维也纳建筑家阿道夫·路斯对分离派成员的作品中装饰性的部分进行了批判，主张彻底否定建筑、室内设计中的装饰，发表了路斯住宅（图 10–74）等作品。

5. 德意志制造联盟（1907—1934）

德意志制造联盟以机械与艺术的统一为目标，于 1907 年在慕尼黑成立。受德国工业革命姗姗来迟的影响，为了强化工业的国际竞争力，必须在机械化量产的同时提高产品的品质，建筑、工艺领域以"规格化、标准化"为目标。中心人物是赫尔

奥托·瓦格纳提倡需要样式，认为"艺术只需遵循需要"，他的代表作有维也纳邮政储蓄银行（图 10-70）等。

在日本，年轻的建筑家们也成立了"分离派建筑会"，首次将现代建筑引入日本，对建筑及室内设计产生了巨大影响。

在工业制品中，构思者和制造者不一定是同一个人。因此出现了解决"规格化、标准化"与"艺术性"的矛盾，负责工业设计的产品设计师。

1934 年，纳粹掌握了政权，为了强化独裁体制而禁止成立劳动组合等的政党或团体，打出国家主义、反国际主义，反合理主义的大旗，要求德意志制造联盟解散。

图 10-71　分离派展览馆（约瑟夫·玛利亚·奥尔布里希，1897 年，维也纳）

图 10-72　斯托克雷特宫（约瑟芬·霍夫曼设计，1911 年竣工，布鲁塞尔）

图 10-73　《吻》（古斯塔夫·克里姆特，1907—1908 年）

图 10-74　路斯住宅（阿道夫·路斯，1911 年，维也纳）

图 10-75　电壶

图 10-76　弧光灯

图 10-77　白院聚落住宅展上建起的集体住宅（勒·柯布西耶、皮埃尔·让纳雷设计）

曼·穆特修斯，还有设计出德国通用电气公司 AEG 的电壶（图 10-75）和弧光灯（图 10-76）的产品设计师彼得·贝伦斯。另外，德意志制造联盟与于 1927 年在斯图加特近郊的白院聚落举办了住宅展（图 10-77），建筑家密斯·凡德罗和勒·柯布西耶等人展示了未来住宅的理想姿态。

6. 荷兰风格派（1917—1931）

　　荷兰风格派以荷兰的鹿特丹为中心活跃。将以《构图》系列而闻名的画家皮特·蒙德里安（图 10-78）的想法，"所有事物都是由单纯的横竖线以及原色（红、蓝、黄、白、黑）构成"，直接运用在建筑和家具中。这种彻底的单纯明快风格对否定装饰的近代建筑造型原理产生了巨大影响。代表作品有家具设计师托马斯·里特维德的红蓝椅（图 10-79）和施罗德住宅（图 10-80）等。

7. 包豪斯（1919—1932）

　　1919 年，以"艺术与技术的全新统一"为目标，一座设计

图 10-78　《Tableau I》（皮特·蒙德里安，1921 年）

图 10-79　红蓝椅

图 10-80　施罗德住宅（托马斯·里特维德，1925 年,乌得勒支）

图 10-81　包豪斯校舍（瓦尔特·格罗皮乌斯，1925 年,德绍）

图 10-82　旧朝香宫邸（东京都庭园美术馆）（宫内省内匠寮，1933 年）

图 10-83　萨伏伊别墅（勒·柯布西耶，1930 年,普瓦西）

教育学院在魏玛（德国）建成。初代校长瓦尔特·格罗皮乌斯向世界呼吁，主张建筑是造型活动的基础。导师有密斯·凡德罗、马塞尔·布劳耶、约翰·伊顿等设计师,不断发表新家具。1925 年,将理念具现化的校舍（图 10–81）在德绍建成,用专有的课程实践独特的教育。但是,包豪斯学院遭到纳粹的迫害,于 1932 年被封锁,一些导师前往美国继续活动。

8. 装饰派艺术风格（1910—1939）与现代主义

　　1920 年代,法国的新艺术派衰退后,由于资本主义经济繁荣,装饰美术重获生机。1925 年,在工商业界的赞助下,举办了"现代装饰产业艺术博览会（装饰艺术展）"。展厅和展品设计,因为合理主义和功能主义开始普及,其特点是用几何形态、流线型、锯齿形图案、阶梯形等（图 10–82）作为装饰。由于现代运动的影响,以理性主义、功能主义为基础的非装饰已经传播（图 10–83）,装饰艺术样式在传统装饰样式根深蒂固

旧朝香宫邸（图 10-82）由 1925 年的装饰艺术展上负责展馆设计的法国设计师亨利·瑞品负责主要的内装设计,在这里能看到真正的装饰艺术。

克莱斯勒大厦、帝国大厦等都是典型的装饰艺术风格,代表了纽约的摩天楼。这些大厦的室内设计中,也凭借装饰艺术特有的奢华风格营造出梦幻的氛围。

的欧洲富裕阶层并没有激起多少浪花。

不过，装饰艺术样式应用在豪华游轮的室内设计中，随着游轮传到了美国，运用在纽约的超高层建筑中，人们在装饰艺术设计中，追求丰富和便利的心理被刺激。装饰艺术的特点是使用几何形态，由于这种形式很容易模仿，以廉价的材料大量生产，用在了服装、饰品、家具、家电制品中，除了奢侈品之外，市场上还出现了很多廉价商品，在作为城市劳动力的平民阶层中同样开始流行。过去"设计"是阶级的象征，20世纪逐渐成了普通大众也能拥有的东西，人们开始体会到生活用品中的设计，而不是只关注价格，从而能够获得自己喜欢的风格的产品。

第6节　现代

20世纪全世界经历了两次大战，遭到了大量破坏，在复兴的同时诞生了使用新材料、新制法的室内设计，并且沿用至今。

随着战后复兴的过程，室内设计从战争灾难较少的地区开始恢复活力，反映出不同国家的国民性，在世界上出现独具特点的设计。

·北欧风格（约始于1930年）

第二次世界大战之前，北欧就已经利用传统的木工技术制成三合板、集成板，创造出了合理而富有美感的设计，战后丹麦设计师汉斯·维格纳和安恩·雅各布森创造出朴素、富有生活气息的高品质家具（图10-84A）。

·中古风格（始于1950年）

1950年代，美国以工业化、量产化为目标，产生了可以使用铝（图10-84B）、塑料（图10-84C）、胶合板（图10-84D）等工业材料量产化的设计。查尔斯·伊姆斯、乔治·尼尔森等家具设计师，以及密斯·凡德罗、埃罗·沙里宁等建筑家设计的室内设计产品也开始生产。

·意大利风格（20世纪60—80年代）

比起合理性和功能性，意大利风格的特点是大胆表现出设

装饰艺术展上，近代艺术大师勒·柯布西耶也设计了展馆，展示出非装饰性的理性设计。勒·柯布西耶使用了当时还属于新技术的钢筋混凝土结构，总结出**现代建筑五项原则**，并且创造出独特的人体尺寸体系（**模度**），追求室内的存在方式，将以这些体系为基础的作品展示给全世界。1930年，他设计了萨伏伊别墅，完美地实现了自己的理念，完成了现代主义设计。

在中古风格中，阿尔瓦·阿尔托和弗兰克·劳埃德·赖特所主张，重视与周围环境的关联，重视有机性的设计也叫作有机设计。特点是仿佛沿着人体曲线流动的柔软线条。加入了合成树脂等人工材料，追求形状与质感。

A：蛋椅
安恩·雅各布森（1958）
硬质泡沫树脂 + 铝架（腿）

B：铝制办公椅
查尔斯·伊姆斯（1958）
铝架 + 塑料

C：郁金香椅
埃罗·沙里宁（1957）
FRP（座）+ 铝（腿）

D：休闲椅
查尔斯·伊姆斯（1956）
成型三合板+皮革+铝架

E：超轻椅
吉奥·蓬蒂（1957）
白蜡木

F：月神椅
维克·马吉斯特拉蒂
（1969）
强化聚酯纤维

G：科伦波椅
乔·科伦波
（1965—1967）
聚丙烯

H：皱褶椅
弗兰克·盖里（1970）
瓦楞纸

图 10-84　A~H 现代设计师和他们的椅子

计师的感性与个性，多使用富有趣味性，情感充沛的造型，使用丙烯树脂等作为充填材料。代表性设计师有吉奥·蓬蒂（图 10-84E）、维克·马吉斯特拉蒂（图 10-84F）、乔·科伦波（图 10-84G）等。

·后现代（20 世纪 80 年代至今）

20 世纪 70 年代，受到石油冲击的影响，设计界也一度失去了前进的势头停止发展，到了 80 年代，家具设计开始恢复活力。仿佛是为了否定现代主义设计由于平均划一而无聊，后现代风格开始在意大利出现。这是 60 年代意式现代风格中诞生出的波普风格的延续，埃托·索特萨斯在米兰创立了孟菲斯集团（1981—1988）。孟菲斯集团中有米凯莱·德·路奇和梅田正德等人，传达出无国籍的设计，像儿童玩具那样颜色鲜艳、自由运用大胆的形状。其他后现代主义设计师有澳大利亚的汉斯·霍莱因（图 10-85）、美国的菲利普·约翰逊以及弗兰克·盖里（图 10-84H、图 10-86）、查尔斯·穆尔等。

图 10-85　雷蒂蜡烛商店（汉斯·霍莱因，1964 年，维也纳）被称为后现代的萌芽

图 10-86　跳舞的房子（弗兰克·盖里，1996 年，布拉格）

在日本，也有经济蓬勃发展的时期，也就是"泡沫经济"时期，仓俣史朗和内田繁等室内设计师在世界舞台活跃，以矶崎新、黑川纪章为首的众多建筑家设计出了具有后现代主义设计特点的大规模建筑。

参考文献

[1] *Le grand atlas de l'architecture mondiale*, Encyclopaedia universalis, 1988, p 108. (International Visual Resource)

[2] Norman Davey, *A History of Building Materials*, Phoenix House, 1961.

[3] 中林幸夫,《インテリアデザインのための図でみる洋家具の歴史と様式》,理工学社,1999.

[4] ©Steve Swayne, The Parthenon in Athens, 1978,この作品は CC:表示ライセン 2.0 で公開されています.

[5] 西田雅嗣、矢ヶ崎善太郎,《カラー版　図説　建築の歴史》,学芸出版社,2013.

[6] 日本建築学会,《西洋建築図集　三訂版》,彰国社,1981.

第 11 章
室内设计的历史（日本篇）

与西方一样，受气候风土、科学技术、宗教、政治等因素的影响日本的室内设计也一直在变化。在日本，大多数地区属于温带，气候较温暖，由于夏日多雨，冬季寒冷会产生积雪，植物种类丰富，出产各种木材，特别是优秀建材的扁柏产量颇丰。另外，日本四季分明、自然环境优美，自然的馈赠成为磨炼日本人的感性、赋予室内设计特征的重要原因。（图为和纸茶室"蔡庵"©Satoshi Asakawa）

第 1 节　绳纹、弥生、古坟时代

在距今大约 15 000 年至 2300 年前，绳纹时代的人们过着使用石器狩猎采集的生活，当时制作出的土偶和火焰型土器（绳纹土器）（图 11-1）风格粗放，强劲而华丽，可以看出当时人们对美的强烈追求，以及多样的设计表现的丰富个性。

在此之后，从亚洲大陆经朝鲜半岛来到北九州的渡来人带来的文化，弥生时代（约公元前 1000 年至公元 300 年）将其融合，正式开始种植水稻，也开始制造铁器和青铜器，以农耕为中心的定居生活逐渐稳定。崛起的当权者建立了一些群落，开始建立小国家，在接下来的古坟时代中，社会阶层进一步分化，统治者阶层建起了大量用于储备食物、举行仪式的建筑物（干栏式），以及坟墓、宝器（土器、青铜器）等，这些逐渐兴盛。弥生土器（图 11-1）薄而坚固，其装饰与绳纹土器相比较为保守，纤细且整齐。

在绳纹时代的三内丸山遗迹中，不仅仅有竖穴式住居，还有可能存在 32 m×9 m 的大型建筑物，存在遗迹高达 48 m 的构筑物，可以认为当时的人们已经掌握了发达的技术。

绳纹土器和弥生土器的特点发生变化，与在日本国家体制的确立下，产生稳固的统治和固定生产体制有关。

图 11-1　火焰型土器（左），弥生土器（右）

住吉造：直线型人字屋顶，入口位于屋顶呈三角形一侧的中央。内部分为前后两室（例如：住吉大社）。

神明造：直线型人字屋顶，入口位于屋顶呈方形的一侧。以栋持柱为首，主要立柱的材料是原木（例如：伊势神宫）。

大社造：有些向上翘起的人字屋顶，入口位于屋顶呈三角形一侧偏右的位置。以柱子为中心向右走半圈就能到达神座（例如：出云大社）。

图 11-2　住吉造、神明造、大社造（参考文献 1 ）

　　日本的建筑、室内设计的逐渐产生分化，大致分为从干栏式住居进化而来的神社、寺院、富裕阶层的住居等统治阶级的建筑，以及从竖穴式住居进化而来的、变化不大的被统治阶级的民房。下面将详细说明留下大量遗迹的统治阶层的建筑，也就是神社、寺院、住宅这三种类型建筑的变化。

第 2 节　古代：飞鸟、奈良时代（ 6—8 世纪 ）

1. 神社——日本独特神社形式的确立

　　在未掌握精妙的神社建造技术时，日本人信仰的对象是大山、森林、岩石等自然物体本身，渐渐发展出干栏式仓库和住居后，便开始建造祭祀八百万神明的神殿，也就是神社。

　　直线型人字屋顶的原木神社，住吉造、神明造、大社造（图11–2 ）的建筑形式在公元 4 世纪前后确立。这是几乎未受到亚洲大陆影响的、日本最古老的神社形式。

2. 寺院——中国技术的输入

　　苏我氏在权力争夺中获胜后建都飞鸟，尝试利用 6 世纪中叶刚刚传入的佛教来统治国家，于是致力于普及佛教。圣德太子派出遣隋使，从朝鲜半岛的百济招揽木工和匠人，建造了寺院（飞鸟式样）。中国发生朝代更替，从隋到唐后，日本依然派遣了大量遣唐使，将技术、文化、佛教传到了日本。

室内设计、建筑在人们为了生存竭尽全力的情况下不会出现太大变化，有了财力、权力后，就更容易能凭借新技术和高昂的价格得到稀少的材料，追求功能和美感，所以逐渐出现变化和发展。因此大家不能忘记，室内设计的历史主要是统治者的历史。

和西方不同，日本的室内装饰缺乏鲜艳的色彩，这是由于日本气候稳定，四季分明，不同季节都能从房间里看到不同的美丽花朵和自然风景，因此不太需要用室内装饰来抚慰心灵。

按照飞鸟式样建起的法隆寺，有像古希腊神殿一样中间隆起（圆柱收分线）的圆形柱子（图11-3）。

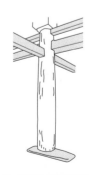

图 11-3　法隆寺回廊的柱子

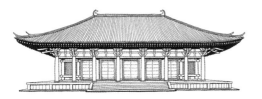

图 11-4　唐招提寺金堂(参考文献 2)　　　　图 11-5　法隆寺东院传法堂前身建筑(参考文献 1)

当时的寺院有大量的学问僧进行集体生活,在寺院(伽蓝)中建有各种各样的建筑物。唐招提寺金堂(图 11-4)深受中国的影响,是在中国的建造技艺中加入日本独特技巧的寺院形式上发展的最早期的作品。

3. 住宅

图 11-6　和式建筑范例(大报恩寺,参考文献 2)

贵族的住宅形似法隆寺东院传法堂(图 11-5),宽大的屋顶覆盖一间长方形的房间,后来发展成了寝殿造。

第 3 节　古代:平安时代(8—12 世纪)

1. 寺院——国风文化兴起

794 年迁都京都后,日本开始积极吸收中国文化,不过由于中国当时的情况越来越不稳定,日本在 894 年废除遣唐使,与中国断绝往来以后,日本独特的国风文化开始兴起。在寺院建筑方面完成了和式建筑,其特点是坡度平缓的屋顶下丝柏树皮葺顶,内部铺着天花板和地板,用来隐藏室内的构造,墙壁多使用拉门隔扇,形成开放式空间。高天花板和格子窗使用均一材料,这是因为工具和技术的发展让筹备材料和细致加工成为可能。莲华王院本堂(三十三间堂)和大报恩寺本堂(千本释迦堂)(图 11-6)是此类建筑的代表。

另一方面,遣唐使最澄从唐朝学成归来,在比叡山开创了天台宗,空海在高野山开创了真言宗,通过祈祷仪式与贵族紧紧联系在一起,令佛教得以发展。

神社的氛围是神圣庄重、不易靠近、清净超然,而寺院却是色彩鲜艳、热闹开放、生机勃勃的聚集地。在日本,这两种完全不同的样式在同一时期共存并融合。住吉大社、春日大社在中国的影响下,轴部刷了朱漆,变得更加华丽。

2. 神社——日本独特的神社形式的确立

日本神社的样式大多为面向三角形屋顶祭拜的春日造和面向屋檐祭拜的流造（图 11-7）。还有寺院和神社建在同一区域的情况，神佛折中的现象开始传播到全国，出现了建筑技法混合的神社和寺院等，建筑方法复杂化。

3. 住宅——阿弥陀堂与寝殿造

11 世纪前后，佛教净土宗思想在贵族之间流行，于是出现了大量私人佛堂阿弥陀堂。这种建筑的特点是屋顶坡度平缓，轻盈优雅。

当时，贵族们每年都要在自己家中举行多次的活动仪式。因此在举行仪式的场地（大约 120 m × 120 m）中央设有朝南的正殿和东西对屋——渡殿，通过走廊相连，庭院中有用来浇灌植物的水和池塘，这就是贵族住宅形式寝殿造（图 11-8）。寝殿造如今并没有完整的遗迹留存，只能在《沈草子》和《源氏物语》等绘卷中看到它们的样子。

正殿中除了被称为涂笼的部分之外，是一整个宽敞的房间，配合各种各样的祭祀，用可移动的屏风、围屏等隔开，建筑开口有板门、半板门【→第 7 章第 5 节"建筑开口"图 7-26】等家具，天花板上吊下竹帘、壁代等（这些是屏障用具，图 11-9），在木地板上，供人坐的地方铺有榻榻米、褥子或者圆垫等。收纳家具除了柜子和箱子之外，还有佛龛架等（图 11-10）。人们基本上会席地而坐，不过也有被称为胡床的椅子。这些用来调整、展现空间的家具叫作"室内陈设"，被认为是日本室内设计的开端。

1168 年，在平清盛的支持下修建的严岛神社是历史上最后的寝殿造建筑，也是唯一修建在海上的寝殿造建筑。平家败给源氏，日本陷入武士集团的战乱之中，人们的生活和价值观发生改变，也给空间带来了巨大的变化。

图 11-7　春日造（上）、流造（下）
（参考文献 1）

阿弥陀堂中，能见到代表无上极乐的装饰，比如平等院凤凰堂（图 11-11）等。

京都模仿中国，将皇宫建在城市中心，四周用纵横交错的道路整齐地分开，一个区域的大小约为 120m×120m。这种分区规划更加细化，至今仍留存着。

之所以把"室内陈设"称作日本室内设计的开端，不是因为建筑物是坚固的木结构，而是由于布料和拉门格栅划分空间，有意识地利用家具等展现出空间的氛围，这种行为（自觉的室内设计）在寝殿造之前是看不到的。

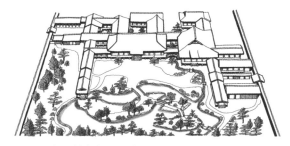

图 11-8　寝殿造（参考文献 2）

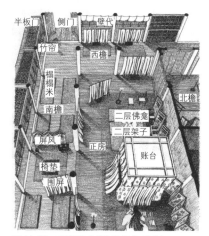

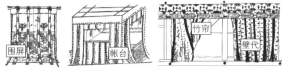

图 11-9　寝殿造的家具

图 11-10　寝殿造内部（参考文献 3）

图 11-11　平等院凤凰堂（参考文献 2）

图 11-12　圆觉寺舍利殿（参考文献 2）

图 11-13　圆觉寺舍利殿剖面图（根据文献 4 绘制）

第 4 节　中世：镰仓—室町时代（12 世纪末—16 世纪）

1. 寺院——禅宗盛行

　　1192 年，镰仓幕府成立，政治中心从京都转移到镰仓。武士阶层崛起，他们厌恶贵族式事物，并不重视天台宗和真言宗所追求的清规戒律、学问和捐赠，而是投向了面对武士和贫困的平民打开大门的新佛教。在宋朝学成归来的重源重建了东大寺。

　　另外，重源的弟子荣西建立了新兴的临济宗颇受欢迎，在镰仓建起了建长寺和圆觉寺舍利殿（图 11-12、图 11-13）等

> 东大寺南大门强调结构的美感，使用豪放、有力、自由的方法，被称为大佛样式。

> 大量使用斗拱，不依赖巨型材料实现大规模化，展现精巧的结构美的禅宗样式（唐样式），重视通过坐禅进行安静的精神修养。

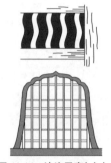

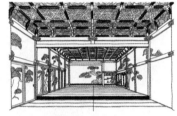

图 11-14　波连子窗（上）、
火头窗（下）

图 11-15　曲录（上）、椅子（下）

图 11-16　鹿苑寺金阁

禅宗寺院。建筑开口少，仿佛没入黑暗之中的天花板，悬浮于堂内的火头窗和波连子窗（图 11-14）射入的光线营造出的视觉效果都在设计师之中。

　　在此之后，从中国传来的新技巧融入了和式建筑，折中样式开始盛行。

2. 住宅——从书院建筑到草庵茶室

　　室町幕府建立后，与经常开展祭祀的平安贵族不同，武士阶层更重视人际关系，接待客人和会面的场所变得重要。

　　足利义满统一日本全国后，在京都北山建造了壮丽的鹿苑寺金阁（图 11-16），作为政治和社交的场所，建立了北山文化。从镰仓时代开始，私人交易和僧侣往来等交流越发兴盛，在足利义满时期开启了与明朝的勘合贸易，因此经济充满活力，禅师荣西带回日本的饮茶习惯（斗茶、茶会）在有权势的阶层广泛传播。从宋朝传来的青瓷、水墨画也很受欢迎，为了摆放这些装饰品而建造了会客室。在此不久之后，在角柱等位置安装纸拉门、隔扇等，带有书房和壁龛，铺设榻榻米，为了分开接待客人的空间与私人空间而划分出的房间构成了书院造（图 11-17）。到了江户时代，书院造有了更加严格的分级，成

　　禅宗的概念从古到今，一直对日本文化有着巨大的影响。道师（僧侣）的生活地点叫"方丈"，坐禅的房间叫"室中"，方丈的出入口叫"玄关"，这些居住空间的名称都来源于禅宗。枯山水庭园，在纸拉门上绘制水墨画，曲录等椅子（图 11-15）也流传至今。

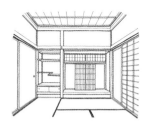

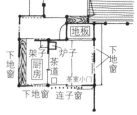

图 11-17　慈照寺银阁东求道同仁斋,被认为是最初的书院造(参考文献 2)

图 11-18　二条城二之丸御殿大厅(参考文献 2)

图 11-19　草庵茶室(待庵)平面图

为城内大殿、寺院客殿和大名小名接待客人的房间,出现了壮丽绚烂、金碧辉煌的障壁画和雕刻,达到了威严空间的顶峰(图 11-18)。

应仁之乱(1467 年)时,京都被付之一炬,将军足利义政在此后以禅宗精神中的朴素和日本传统文化的幽玄、闲寂为基调,建立起沙龙形式的山庄,在东山建造慈照寺银阁,创建东山文化。

另外,禅宗僧人村田珠光主张统一茶道与禅的精神,创造出在茶室追求内心平静的侘茶。茶道在因贸易繁盛的大阪、堺等地的大众中广泛传播,从商人出身的武野绍鸥传承到千利休,完成了追求朴素之美的极致的草庵茶室(图 11-19)。草庵茶室并没有确定的建筑技巧,使用土墙、茶室小门、下地窗和纸拉隔扇等朴素独特的要素,在极为狭小的空间里,精细地布置(图 11-20)。

日本在战乱中吸收了中国的技术与思想,形成了日本独特的传统文化基础。在平民之间流行盂兰盆舞等仪式和茶会、御伽草子等文学故事。

第 5 节　近世:安土桃山、江户时代(16 世纪末—19 世纪末)

1. 住宅——居城、府邸

在应仁之乱后大约 100 年间,日本战乱不断,织田信长平定畿内地区后,于 1576 年在琵琶湖畔的安土山建成了集城主居所、军事设施望楼于一体的建筑,这就是以天守为中心的豪华城郭——安土城。这种形式在各地纷纷出现,以统一天下为

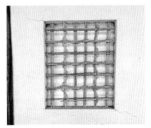

图 11-20　茶室小门(上)下地窗(下)

图 11-21　姬路城

图 11-22　桂离宫(参考文献 2)

图 11-23　桂离宫平面图(根据文献 4 绘制)

目标的强大武将仿佛在夸耀自己的力量一样争相建造自己的城郭(图 11-21)。外墙用灰泥和漆,耐火性和耐久性强,内部装饰中有以狩野派为代表的御用画师们绘制的龙虎等象征强大的障壁画。

17 世纪初,结束了丰成秀吉的统治之后,迎来了德川家康开创江户幕府的时期,混乱局面渐渐平息,因此主城展现用于政务与会面的形式变得重要。江户城本体的大广间,装饰、地板的高低差和天花板的形式,形成了与社会地位明确相关的设计。

另一方面,以宫廷为中心的公家社会追求洗练与风雅,建造了以桂离宫(图 11-22、图 11-23)为代表的,没有严格形式要求的数寄屋风书院建筑。桂离宫是融合了茶室建筑技巧的别墅,茶室是举办茶会和连歌的游乐场所,与四个空间并行排列,取桂川水建成庭院,特点是与现代建筑相同的直线型设计,具有朴素、洗练的美感。

2. 神社、寺院——极尽奢华的权现造及平民的参拜空间

在神社中,以日光东照宫(图 11-24)和丰国庙为代表,供奉着家康、秀吉等人物的神格化形象,并且加以豪华绚烂的装饰,这种灵庙形式叫作权现造(图 11-25)。作为权威的象征,强调了朝向祭祀神体中心部位的向心性,并将这种向心性在空间上扩大化,可以看到建造时让复杂的屋顶流畅地连接在一起的技巧,以及通过内部地板和天花板高度的变化,提高中心部位重要性的技巧等。

权现造是为了彰显权力。有些地方类似于西方的巴洛克建筑,这一点很耐人寻味。

江户末期至现代的公共建筑:

被当权者雇佣,艺术才能、专业性强的画师、粉刷匠、匠人等以江户和京都为中心活跃。另外,建成了大批学校(图 11-26)、剧院、澡堂、烟花巷等以平民阶层为对象的建筑物,平民生活中的文化气息越来越浓郁。

图 11-24　日光东照宫阳明门（参考文献 2）

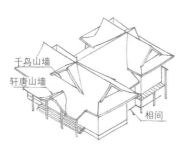

千鸟山墙
轩唐山墙
相间

图 11-25　权现造（参考文献 1）

图 11-26　松代藩校文武学校

另一方面，佛教开始走向大众，寺院中不断建起能够收容众多信徒的大规模堂屋。当时的日本追求大量且迅速的建设，可以说是建筑泡沫。建筑内部与以前不同，为参拜者铺上了榻榻米，有的寺院内的佛塔考虑到人们从下向上仰望时看到的景色，涂上了鲜艳的色彩。

第 6 节　江户时代的民居、平民建筑及室内设计

1. 农村、渔村的民居

平民生活，特别是一些贫困的农村、渔村自古以来就没有太大的变化，等到社会稳定之后，基础设施得到完善，形成了地域性明显的城市和农村。农家和城市人家的结构技术和功能性都得到了提高。

农家有广阔的土地作为工作区域，村长等在参勤交代（江户时代轮流去幕府供职的制度）时，会有大名借住的房子——长屋门、书院客厅，只为接待重要客人建造的式台玄关（图 11-27）。此类建筑在不同地区能看到多种多样的形式。另外，在结构和设计方面，各个地区各有特点，有屋顶坡度陡峭的合掌造（图 11-28）和带中门的中门造（图 11-29、图 11-30）等。

能保存到现代的住宅都是属于富农的，法律规定了材料和式样的限制，因此江户时代的农家住宅柱子纤细，结构非常朴

公共空间和私人空间：日本人被认为没有隐私的概念，在住所中没有私人房间。其实日本住所存在着明确分出了格调高，用来待客的"公共空间"和私人化的，能穿着便服轻松生活的场所"私人空间"；接待客人（官员或者大名等）的大门、式台玄关、日式客厅或者店铺是公共空间；只有家人能使用的厨房、藏衣室（夫妻卧室）等是私人空间。

有的日本房屋为了接待每年只会来几次的客人而扩大了玄关，将南侧条件最好的空间建成了带壁龛的和室，家人每天使用的卧室和餐厅却朝北而且狭小。

图 11-27　式台
玄关

图 11-28　合掌造民居

图 11-29、图 11-30　中门造民居（信浓秋山民居）。屋顶和墙壁
都是茅草葺成的，内部是少见的土地面

素。但可以从变形的圆木材料中感受到力量，从表面粗糙的梁
柱中感受到温暖。

2. 神社、寺院前的城敦、驿站附近的町家

　　町家是指位于城市中，做生意的人的住宅（图 11–31）。
外面是面对大路的店铺空间（展示空间），里面是住居。由于
城郭、大规模神社和寺庙周围沿街会有大量店铺林立，所以一
般的构造是宽度狭窄、纵深长的建筑。为了通风和采光，大多
情况下会建造中庭。由于各地区的气候风土不同，町家能够体
现出丰富的地域性。

图 11-31　町家（名古屋市有松）

第 7 节　近代：明治、大正、昭和初期（19 世纪末—20 世纪上半叶）

·西方文化的进入

　　从江户时代末期起，日本国家设施、民间企业的办公楼、商
业设施、富裕阶级的宅邸纷纷拔地而起，建筑和室内设计在西
方的影响下发生了戏剧性的变化。政府雇用西方国家建筑师
约西亚·肯德尔等人，将重要建筑的设计（图 11–32）交给他
们，并且让他们负责建筑方面的教育。辰野金吾在工部大学建
造专业（现东京大学建筑专业）接受了肯德尔的培养，设计出
东京站（图 11–33）和日本银行等建筑。西式风格首先在政府
和学校等建筑上使用，随后，各地纯和风的资产家宅邸中都出
现了待客用的洋馆。不久后，一些自学西方建筑的日本木工建
起了仿洋风建筑（图 11–34），西方文化甚至渗透进了平民生

图 11-32　旧岩崎府邸

图 11-33　东京站

图 11-34　仿洋风建筑（开智学校，参考文献 2）

图 11-35　中廊下型（参考文献 5）

图 11-36　重现了同润会青山公寓局部的"同润馆"（摄影：加藤幸枝）

图 11-37　装饰艺术样式（夕阳丘高中清香会馆）

活中。

　　在住宅方面，首先出现了玄关旁边设置一间摆放西式椅子风格的接待室，其他房间则铺着榻榻米的日式风格，这种被称为和洋折中的风格广泛流传。接下来，政府、学校、军队都采用了配有西式椅子的房间，日本也开始生产西式家具。在普通家庭中，以前一直保持着分餐制的父兄家长制风格，也逐渐变为众人围坐在一张矮桌周围吃饭的形式。到了大正时期，注意到厨房为中心的家务劳动的合理化安排以及保护隐私，开始建造中廊下型（图 11-35）的格局。

　　1923 年，日本关东大地震中，砖瓦建筑物倒塌，并且引发大规模的火灾，这次灾难造成的严重后果促进了防震建筑的普及。在震后复兴时，建起了融入新生活方式理念的钢筋混凝土中层集合住宅、同润会公寓（图 11-36）。

　　由理念先进的几何学形态构成的、华丽的装饰艺术样式（图 11-37）在日本也流行开来，另一方面，以宗教家柳宗悦为中心，河井宽次郎、滨田庄司等人展开保护及培养传统民俗工艺的运动。

　　在此之前，日本的西式建筑以欧洲古典主义建筑为主，而

> 新的生活方式甚至影响了人们的意识，城市中出现了摩登女郎、摩登少年等引人注目的年轻人。

图 11-38　蝴蝶凳（柳宗理）　　图 11-39　藤椅（剑持勇）

欧美设计师勒·柯布西耶等人已经否定了古典主义建筑，开始提倡现代主义建筑。与他们的想法产生共鸣的建筑师们在日本也开始建造现代建筑。前川国男、坂仓准三师从勒·柯布西耶，直接受到了他的指导。着手现代主义建筑的家具、内部装饰的室内设计师有柳宗理、剑持勇等（图 11-38、图 11-39）。

第 8 节　现代（20 世纪后半叶至今）

·第二次世界大战后

第二次世界大战结束后，日本陷入了严重的居住难问题，为了应对该问题，日本政府出资成立了日本住宅公团，促进了住宅区的建设。为了让日常生活生活更丰富，空间划分更具功能性，以西山卯三提倡的食寝分离（吃饭的空间和就寝的空间分开），隔离就寝（夫妻的卧室和孩子的卧室分开）的隔断概念为基础，为一家三口这样的核心家庭开发的"51C 型"（图 11-40）设计得到采用，并在日本全国大量建设。这时，第一次出现了餐厅厨房（DK），即兼作厨房的椅子式餐厅，住宅开始重视家庭团圆，主妇的地位上升，也就是实现了家庭的民主化。

在日本人眼中，住宅区是划时代的新颖住宅形式，经过经济高速增长时期后，人们的生活变得富裕，住宅区狭窄单一，毫无个性的一面遭到了批评，人们对此产生不满，纷纷在郊外建起了带庭院的独栋住宅。

接下来，由于独栋住宅大量出现，预制房屋（图 11-41）正

这种隔断思路在 DK 中加上 L（Living，起居室）和卧室的数量（n）后，与现在用来表示住宅大小的概念 nLDK 相通。

图 11-40　51C 型

图 11-41　初期的预制房屋

图11-42　后现代（京都站）

式出现。1959 年,大和房建将"超小型独立房屋"商品化,从那以后,各家房地产公司纷纷将"超小型独立房屋"商品化,这种住宅形式延续至今。从那时开始,室内建材中开始使用各种工业制品,家用电器同样开始普及,家具、室内装饰、生活用品的颜色、质感等的种类越来越多,私人住宅的室内设计多样化发展。

20 世纪 80 年代,正值泡沫经济的高峰,室内设计师提出了大量富有个性、随意而具有艺术气息的后现代设计（图 11-42）,加上日本人越来越追求独一无二的个人风格,日本人对室内设计的关注越来越多。

泡沫经济时期流行奢侈的华丽内装和家具,到了 1990 年初,泡沫经济崩塌,人们开始重现考虑物质过剩的生活方式,越来越也重视健康的自然材料,再加上节能和环保的意识越来越强,关于富有的定义至今依然处于变化之中。

参考文献

［1］渋谷五郎、長尾勝馬原、妻木靖延,《新訂　日本建築》,学芸出版社,2009.

［2］西田雅嗣、矢ヶ崎善太郎,《カラー版　図説　建築の歴史》,学芸出版社,2013.

［3］稲葉和也、中山繁信,《建築の絵本　日本人の住まい　住居と生活の歴史》,彰国社,1983.

［4］日本建築学会,《日本建築史図集　新訂版》,彰国社,1980.

［5］日本建築学会,《コンパクト建築設計資料集成　住居　第 2版》,丸善,2006.

第 12 章

透视图

"透视图"（perspective）是表现建筑及室内空间的视觉交流方式之一,主要用来表现建筑及室内空间的完成概念图（使用透视法表现立体空间）。在本章中,将为大家介绍专业人士所使用的透视技巧和注意点,目的是让大家了解用手绘或计算机绘图（Computer Graphics,简称 CG）表现空间时,需要注意哪些重点。（标题背景及图 12-1~图 12-5 的透视图制作:宫后浩）

第 1 节　什么是透视图

·透视图的用途与目的

建筑和室内设计不能直到施工结束才让客户看到最终的空间。另外在大多数情况下,客户都不擅长把握空间概念,如果用普通的平面图、立体图和展开图等向客户进行展示,很难让客户想象出效果。作为解决措施的透视图大致分为以下四种用途和目的:

①**销售工具**:通过将方案完成时的预想图展示给客户,可以让客户在项目刚开始的阶段轻易想象出空间效果。

②**考察工具**:在考察空间效果时使用的风格透视图。用来考察色彩、材质、照明效果等所有因素。

③**指示工具**:作为设计图纸的补充,用在施工现场和讨论中,立体展现空间的完成效果。比起美观和细节风格,更注重信息的迅速传达与简单易懂。

人眼十分精巧,当我们看到一个情景时,大脑有能力控制透视感。因此,如果完全按照透视图的制图方法来画,画面的前方有时会变得很大,有时向内纵深渐长,与人们在现实中感受到的空间不同。

④促销工具：完成时的预想图用在广告中时，能让人们轻松地想象出充满魅力的空间。大多情况下需要使用具有真实感的空间表现。

第2节　透视图的种类

·一点透视图（平行透视构图法）

在室内，有一个方向的立面平行于画面，又称正面透视。相对画面平行的宽（X 轴）和高（Z 轴）方向的线条水平或垂直，纵深（Y 轴）方向的线条全都集中在一个消失点（VP），如图 12-1 所示。大部分情况下，使用一点透视图就能够充分表现空间。

·两点透视图（成角透视构图法）

画面里有角度，可以从想要画的角度表现。宽（X 轴）和纵深（Y 轴）方向的线条分别集中在消失点（V1、V2），高（Z 轴）方向的线条垂直，如图 12-2 所示。与一点透视图相比表现更加丰富。

·三点透视图（斜角透视）

宽（X 轴）、纵深（Y 轴）、高（Z 轴）方向的线分别集中在各自的消失点（V1、V2、V3）上，如图 12-3 所示。在建筑中多用于绘制俯瞰图，在室内设计中多用于绘制挑空空间。

图 12-1　一点透视图

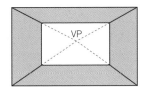

图 12-2　两点透视图

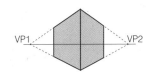

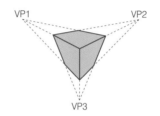

图 12-3 三点透视图

第3节 手绘透视图

1. 手绘透视图的种类

·不透明彩色透视图

比较花时间,不过适合表现厚重感和材料的质感(图12–4)。

多用于绘制最终完成预想图。

·淡彩透视图

使用墨和彩色,能快速完成,不过很难表现质感(图12–5)。

多用于规划阶段。

图 12-4 不透明彩色透视图

图 12-5　淡彩透视图

2. 手绘透视图的窍门

　　多用于初级阶段的展示,适合以传达风格与氛围为主要目的的场合。表示空间氛围的阴影和强弱对比体现立体感,照明和阳光形成的高光、渐变体现透视感,在绘制时需要注意的重点是想好要表现出什么样的空间。另外,如果细致地描绘出表面质感、接缝、玻璃和镜子的倒影等细节,那么画面会表现得更真实。

> 　　近景要提高彩度,远景要降低彩度而提高明度,这样才能表现出平衡的透视感。

> 　　想要重点展示的空间要仔细绘制细节,不重要的部分及四角的部分可以适当省略,这样可以明确想要传达的信息。

第 4 节　电子透视图

1. 电子透视图的种类

· CG 透视图

　　它是指使用电脑加工图像制作的透视图,包括用 3D、CAD 绘制的电子透视图,以及用图像处理软件加工照片完成的透视图等。和手绘透视图相比,更容易添加人与物体,改变装饰、微调颜色等。

· 3D、CAD

以平面图、立体图等 2D 数据为基础建模完成的 3D 模型数据。根据一个 3D 模型数据可以画出各种角度的透视图。另外，通过改变渲染方式，可以在同一个空间中表现出多种地板、墙壁、天花板和家具的风格，因此在讨论设计方案时比较方便（图 12-6 ）。与手绘透视图相比，能够更真实地表现出空间效果。

渲染：为抽象的立体数据增加质感，并且加入光源和阴影的信息。

图 12-6　通过电子透视图讨论昼夜的景象

2. 电子透视图的窍门

　　手绘很难表现出背景、点缀、材料变化、重复等元素,绘制电子透视图时要充分利用电脑的特点。只是,由于不同的 3D、CAD 和图像软件的性能有差异,会与实际完成效果产生一定的差别,这一点需要注意。另外,如果只依赖电脑,很多时候会画出缺乏临场感的表现,要想画出生动的电子透视图,培养绘画才能同样十分重要。

　　虽然电子透视图可以画出像照片一样真实的呈现效果,但是在初期阶段的展示中,为了放大想象力,手绘透视图有时候效果更好。另外,在不追求真实性的场合,比如表现空间概念图时,手绘透视图更有效。

第 13 章
室内设计实务的推进方法

在本章中,笔者将从实际餐厅的规划、步骤、概念构思等开始,介绍专业人士实际考虑的各项问题。希望大家能理解,所有物体和空间的形状都是有其自身原因而构成的。作为本书的总结,希望大家能学到并能应用于实践的设计思路。

让我们以意大利餐厅的装修规划为例,了解室内设计的具体步骤。

1. 现场调查

以下项目要在现场进行确认:

· **规划地点(建筑及需要进行室内设计的房间)的因素**:位置、方位、形状、面积、结构、强度、耐久性、可变性等。

· **环境要素**:除了给水排水、供电、燃气、空调等基础设施之外,还要确认通风与采光情况。

· **使用者要素**:行动轨迹、通行量、年龄层、职业等。

· **其他**:确认预算、相关法规、施工条件等要素。

有时当超过一半的主要结构部件需要进行修缮、更换图案时,必须向行政部门提出"许可申请"。

本章的案例中不包括主要结构部件的工程,因此不需要提交许可申请,不过由于需要移动引导灯和感应器,所以需要向消防部门提交申请。

在本次规划中,根据客户的要求,由于附近有举行大型活动的大厅和商场,因此将餐厅的目标客户定为活动大厅和商

无论是店主还是使用者,到达现场时所感受到的氛围和人流都是一样的。充分利用这些因素进行规划很重要。

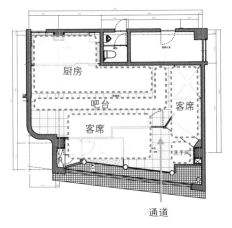

图 13-1　现状图及草图

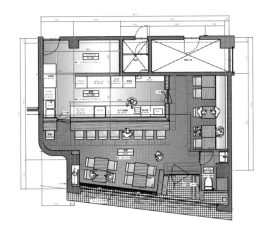

图 13-2　平面图

场的客人,希望与附近的餐厅做出差异,并且能够相互促进。目标店周围的餐厅大多是平价、随意风格的店铺,因此努力将这家餐厅打造成一家整齐利落、服务周到的餐厅。

2. 轮廓图与设计草图的制作(基本构想)

以现场调查为基础,画出了被称为轮廓图的现状图,这是规划的基础。接下来,根据客户的要求和用地条件进行区域划分,考虑经营、服务和使用者的行动轨迹等来讨论草图。在这一步,现有的给水排水和换气通道的位置决定了厨房的位置(图 13-1)。因为客户希望使用开放式厨房,所以设计好吧台后,在剩余空间中留出尽可能多的客席,研究了能够提高利用效率的餐桌布置方式(图 13-2)。

3. 基础规划

草图完成后,就进入了基础规划的讨论阶段。

基础规划是指在考虑大致预算的基础上推进设计,将草图放入正确的比例尺中。在为客户展示时,要使用概念透视图或者照片,根据情况也可以使用模型等,在不断讨论后将客户的要求具体化。除了图纸,还要制作模型和完成预想图等,才能确定规划的基本方针(图 13-3、图 13-4)。

做规划时,不能仅做平面考察,同时还要想象最终空间的立体效果。平面规划完成后,要使用展开图检查高度关系,结合平面图调整设计。熟练后,还可以同时考虑照明规划和效果等,进一步提高自己的水平。

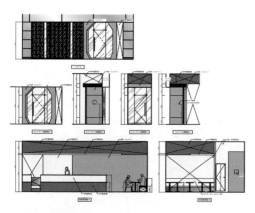

图 13-3　展开图 1

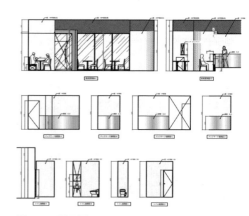

图 13-4　展开图 2

4. 客席的规划

· 考虑员工和顾客的视线

通过稍微提高墙壁高度来遮挡坐在吧台的顾客的视线,让厨房的员工既可以观察顾客的用餐情况,又可以毫不拘束地烹饪。同时,顾客可以集中精神关注眼前的菜品,悠闲地享受美食。另外还要注意不能让顾客的视线保持在一条直线上,打造舒适的空间。

· 思考利用率高的客席

长椅桌是以两个人为单位安排的,可以根据顾客的人数组合。中间的桌子在举行迷你演出等活动的时候可以移开,留出空间作为舞台,是非固定的座席。

5. 色彩规划

在色彩规划【→第 6 章】中,将时尚的黑白两色作为主色调,加入了能够激发食欲的橙色。再加上天然木材的自然表面,营造出自然而时尚的氛围。考虑将照明的色温统一在2800K 左右【→第 4 章】,营造更加温暖柔和的空间。

6. 素材规划

为了配合专注于使用有机食材的店铺风格,吧台和客席的桌面使用了天然木材集成材料,表面进行了光油涂装,触感舒适。由于顾客会踢到吧台的护墙、长椅的脚蹬部分,所以使用

由于客席的数量与销售额有直接关系,所以客户要求使用利用率高的规划,确保客席数量。

坐在吧台的客人大多是情侣,所以将座位数设为偶数效率较高。

尤其是吧台的座位,可以做成寿司店和烹调料理的店铺那样,让客人能看到厨房员工的烹饪技法。

室内的表面材料不仅与空间的风格有关,同样与室内环境密切相关。了解吸放湿、反射率、颜色、质感、储热放热等材料特性十分重要【→第 9 章】。

橡木
与栎木、槲树同属。可加工性好

榉树
也叫光叶榉。质地坚硬，木理纹路多样

榉树
波形木纹美丽，打磨后有光泽

山毛榉
吸水率高，韧性强。适合做曲木

白蜡树
木纹清晰，翘曲少，可加工性好

桃花心木
质地较硬，富有光泽。翘曲少，可加工性好

桐树
轻、软、防潮，隔热性好，用来制作衣柜、箱子和内部装饰

桧树
质地致密，翘曲少，耐久性强

胡桃木
强韧，弹性好，耐久性强

枫树
质地坚硬，会出现右侧那样的鸟眼状木理

枫树
鸟眼状木理

柚木
略重，质地较硬，翘曲较少的高级材料

樱树
本质紧实且加工性好

紫檀木
重，质地较硬，富有光泽的稀有木材

图 13-5　树种与色调、木纹、名称

了颜色不显脏的三聚氰胺树脂饰面，座位表面使用了人造皮革。店铺的地板使用了纯木地板，营造出高级感。厨房内使用了防水涂漆地板。所有地板都采用了方便打扫和保养的表面材料。

　　另外，木材的种类如图 13-5 所示，选择时要充分考虑特点和成本。【→第 9 章第 2 节"木材及木制品"】

7. 照明规划

　　人类识别颜色的三要素是光线、物体和视觉，可以说照明是决定空间品质的重要因素之一。将色温设定较高时，会形成清爽而时尚的氛围，相反，如果将色温设定得较低，则能营造出温暖平静的氛围。演出照明会使用聚光灯照亮想要强调的位置，或者使用光带等间接照明营造出柔和的氛围，使用调光器控制房间整体的照度。灵活运用照明效果能够营造多种多样的情境。

　　在这个项目中，在建筑物的外立面设计了格子，透出店铺内的光线，映出外部格子的阴影。另外，为了避免在入口处的

　　色温与照度会大幅改变空间的氛围。当然，由于对象的颜色和反射率会起到很大的影响，所以要斟酌光线与物体的关系。比如可以利用"黑色物体无论多亮的光照也不会显得明亮"这一特性，与明度高的表面形成对比，营造出富有纵深感的空间。【→第 4 章】

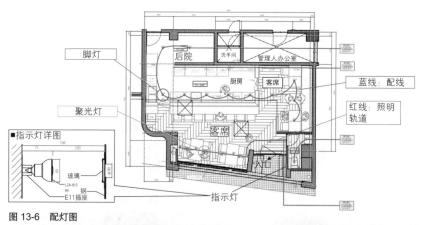

图 13-6 配灯图

图 13-7 配灯模拟(出自远藤照明股份有限公司网络杂志《光育》)
左:过去重视水平面照度的配灯模拟。通路很明亮,但是光线会被地板的表面材料吸收
右:重视垂直面照度的配灯模拟。墙壁明亮,将人们的视线诱导到深处,增加宽阔感

招牌上投出多余的阴影,在墙壁上凿开小洞,使用埋在墙壁里的窄光聚光灯水平照射招牌。吧台座和长椅座是固定席,所以采用了脚灯采光。中间的桌子使用配线轨道,利用广角聚光灯照明,举行活动时,就算移动桌子的位置也可以使用。为了强调墙壁表面的质感使用的间接照明起到了补充厨房手边灯光的作用。

近年来,使用 CAD 等软件的模拟技术越来越发达,可以同时满足有效的照明规划和节能的要求(图 13-6、图 13-7)。

图 13-8　透视效果图（CG）

8. 实施设计

　　基础设计结束后，就进入了工程规划、计算工程费用的实施设计阶段。

　　实施设计要在完成了基本设计的基础上，对连接处、电器、机械设备进行详细设计。除了特制产品和通用产品之外，必须确认使用材料的价格、交货期和库存情况，保证不影响工期。另外，一定要事先订购实际使用的材料的样品，做成展示板，得到客户的认可。实施设计结束后，要向多个施工公司发出邀请，进行招标，若出现预算不符的情况，则需要变更施工内容和材料，调整报价。

> 大多数情况下，就算看过图纸，客户依然很难像设计者和施工者那样充分理解空间和规格，因此要尽可能使用速写、CG（图 13-8）、概念照片、样品等进行展示，让客户可以想象出立体的空间。

9. 设计监理

　　最终工程金额决定后，客户与施工公司签订工程合同，之后，设计者与施工公司一起讨论施工计划和细节等。

　　在工程开始时，要同时进行画墨线的工作。画墨线指的是在地面上标出墙壁和门窗的位置。这一步由施工公司在设计者的监理下实施，包含确认现场状况在内，是设计监理中重要的一环。

　　基本上，会由施工公司负责管理工程进度。设计者需要做

> 为了防止客户、设计者和施工者在工期和成本等重要事项方面产生误解，一定要做好会议记录，共享信息！

的是检查工程是否按照图纸进行,对图纸上无法画出的部分在现场进行调整,对细节部分的连接和表面处理方式进行指示等。

随着现场状况和工程的进行,如果施工公司提出希望变更施工内容和方法,设计者要替客户判断变更内容,对客户进行说明,取得客户的认可。

10. 设计检查、交付

工程结束后,首先由施工公司自检,设计者在此基础上进行设计检查。在施工公司、设计者检查完毕后,由客户进行验收。如果成品有不完整的地方,则由设计者指示施工公司更正。施工公司要迅速制定更正计划,向客户报告,由客户确认。实施更正工程后,再次由设计者和客户进行检查,合格后交付。

交付时,施工公司会向客户做空调和厨房等设备的使用说明,并且说明各个部位的保养方法之后才能竣工。

竣工后,要经常进行现场确认,确定设施在开始使用后没有出现不良的地方。如果工程有瑕疵,施工公司要立刻修改,有时也要根据客户的要求进行改善。有些问题要在客户开始使用设施后才能发现。另外,设计者还必须确认空间是否发挥了应有的作用。

综上所述,项目并非是在竣工后就结束的,还包括之后的保养、重视与客户的关系、持续的关注。

为了让现场工程顺利进行,客户、设计者和施工者要保持信赖关系,达成共识。另外,俗话说"准备值8分",只要预先准备做得好,就不会出现严重的问题。

1. 工作内容检查(包含优先顺序);

2. 订购成品和材料;

3. 分配作业时间;

4. 调整不同工人之间的工序;

5. 与负责订货的人达成共识。

只需要用心重复以上步骤即可!

包括调查在内,竣工后也要进行现场确认,通过确认也可以与客户建立良好的关系。

著者简介

桥口新一郎|红面包老师

1972 年出生，近畿大学研究生，毕业后师从出江宽。2000 年创立桥口建筑研究所。代表作有织物茶室"霞庵""姬岛神社参集殿"，著有《日本新手艺》(宫带出版社，2017)。曾获优秀设计奖、亚洲设计奖、AACA 奖优秀奖等多个奖项。近畿大学、帝冢山大学客座讲师，伦敦艺术大学特邀艺术家，一级建筑师。负责第 1、12、13 章。

户泽真理子

1989 年毕业于京都府立大学生活院住居系。同年进入住友林业公司，负责木质定制住宅设计。1998 年进入中央工学校中央实务专科学校(现中央工学校 OSAKA)任建筑系教师。2017 年，兼任中央工学校 OSAKA 一级建筑师事务所员工，一级建筑师。负责第 2、10、11 章。

所千夏

毕业于京都大学工学院，京都大学建筑系研究生。曾在安井建筑设计事务所设计部工作，后创立 CK 工作室。一级建筑师，福利住宅环境搭配师，注册建筑师，日本建筑师协会理事。曾在鸟取环境大学、甲南女子大学任教，现任光华女子大学短期大学客座讲师。负责第 3~5 章。

岩尾美穗

在美国威斯康星康考迪亚大学获得预科学位。曾在积水房产、广告代理店工作。2009年主办了负责色彩规划和搭配的工作室"彩"。东京商工会议所一级色彩搭配师(环境色彩),色彩审查协会一级色彩搭配师。空间设计学校客座讲师。负责第6章。

九后宏

毕业于京都工艺纤维大学工艺系。曾在 KIC 公司任职,负责以酒店和餐厅为主的商业设施策划。2007年创立九后宏事务所,负责室内设计咨询。曾任大阪工业大学客座讲师等。负责第7~9章。

致谢

本书在制作中,得到了以下各方的帮助,感谢各位提供资料和信息。

Komaneka Resorts Ubud Bali、株式会社 LEM 空间工房、旭玻璃株式会社、板玻璃协会、公益社团法人室内设计产业协会、株式会社内田洋行、株式会社远藤照明、氯乙烯工业环境协会、大阪铭木协同组合、玻璃纤维协会、株式会社 SANNGETS、一般财团法人节能中心、关原石材株式会社、一般社团法人石膏板工会、一般社团法人水泥协会、一般社团法人全国 LVL 协会、全国建筑石材工业会、大光电机株式会社、中央工学校 OSAKA、寺坂福铭木加工所、一般社团法人日本室内纺织品协会、一般社团法人日本窗框协会、公益社团法人日本陶瓷协会、日本塑料工业联盟、日本锁工业会、一般社团法人日本建材·住宅设备产业协会、一般社团法人日本玻璃制品工业会、日本纤维板工业会、一般社团法人日本钢铁联盟、日本特殊林产振兴会、一般社团法人日本黏土学会、公益财团法人日本防灾协会、一般社团法人日本木制窗框协会、株式会社 Bikou、株式会社丸万、一般社团法人木材表示推进协议会、Yanmar 株式会社、株式会社芳村石材店。